LES CERFS-VOLANTS

H. DE GRAFFIGNY

MANUEL PRATIQUE

De la Construction et de la Manœuvre

DES

CERFS-VOLANTS

De toute espèce

62 figures explicatives dessinées par l'Auteur

PARIS
Collection A.-L. GUYOT
20, rue des Petits-Champs, 20

OUVRAGES DU MÊME AUTEUR

publiés dans la

COLLECTION A.-L. GUYOT

Le Jeune Electricien amateur
Manuel du Cycliste
Manuel du Conducteur d'automobiles
Les Petits Travaux d'amateurs
Cent Expériences de physique
Cent Expériences de chimie
Cent Expériences électriques
Les Aventures d'un Aéronaute
10.000 kilomètres en ballon
Le Tour du Monde en Automobile (4 vol.)
L'Electricien moderne

MANUEL PRATIQUE

De la Construction et de la Manœuvre

DES

CERFS-VOLANTS

De toute espèce

CHAPITRE PREMIER

HISTORIQUE ET THÉORIE DU CERF-VOLANT

Le cerf-volant n'est plus aujourd'hui le « jouet d'enfant » que les savants considéraient d'un regard dédaigneux. Ainsi que le grand mathématicien Euler l'avait déjà reconnu en 1756, ce jouet méprisé des physiciens peut cependant donner lieu aux réflexions les plus profondes, et la preuve a été fournie amplement, depuis cette époque, des avantages que peut présenter ce jouet comme appareil scientifique.

Qui a inventé le cerf-volant?... A quelle époque peut-on faire remonter la lancement du premier cerf-volant?... Il paraît à peu près impossible de pouvoir répondre avec quelque certitude à ces deux questions. L'histoire ancienne est muette et nulle part il n'est fait mention d'aucun objet ressemblant de près ou de loin à un cerf-volant et qui ait été connu des Grecs ou des Romains. Il est plus probable, et encore n'est-ce là qu'une opinion, que cet instrument est de provenance orientale, car il semble être connu des Chinois et des Japonais depuis un temps immémorial.

Quoi qu'il en soit de la provenance exacte de cet appareil, il n'en paraît pas moins certain que son utilité raisonnée ne date guère que d'un peu plus d'un siècle. En effet, c'est en 1752 que le physicien américain Franklin songea, en l'absence de tout autre moyen de constater — les ballons n'ayant été inventés que trente ans plus tard — à utiliser le cerf-volant pour une recherche scientifique du plus haut intérêt : l'identification de la foudre atmosphérique avec l'étincelle dégagée par les machines électrostatiques qui venaient de faire leur apparition et excitaient l'attention du monde savant. La réussite de cette expérience et, l'année suivante, de celles de Romas, physicien français, sur le même sujet, fournirent la première démonstration du fait que le cerf-volant pouvait se prêter à des applications scientifiques très sérieuses et à des usages encore insoupçonnés.

Il faut en arriver à l'époque contemporaine pour assister à la renaissance du cerf-volant et à son apothéose, l'aéroplane, qui est, pour l'instant, son dernier avatar. Dans tous les pays du monde, on étudie les meilleures formes qu'il convient de donner à ces appareils, suivant le but auquel on les destine et on s'efforce de les simplifier pour rendre leur ascension plus aisée et leur manœuvre plus facile, tout en accroissant leur force portante. On les emploie dans nombre de circonstances : comme moyen de sauvetage en mer, comme signal, comme observatoire météorologique, et ces applications naissent, pourrait-on dire, tous les jours, si bien que l'on ne saurait prévoir où se bornera leur champ d'action. Aussi est-on revenu de l'injuste prévention que l'on nourrissait jusque-là contre cet utile instrument. Le cerf-volant n'est plus uniquement un « jouet d'enfant » comme autrefois, mais bien un appareil dont l'utilité est réelle dans plus d'un cas. C'est surtout un sport du plus haut intérêt, et qui passionne de nombreux jeunes gens, ainsi que le prouve le nombre de plus en plus grand de Sociétés et « Drago-Clubs » existant maintenant un peu partout, Sociétés qui organisent des concours, décernent des prix, enfin excitent l'émulation des amateurs de ce genre de machines volantes par tous les moyens en leur pouvoir.

Les formes données aux cerfs-volants, appelés *kite* en anglais, *drachen* en allemand, *cervolante* en italien, *cometa hecha de papel* en espagnol, sont très variées, et c'est par expérience que l'on est parvenu à réaliser des modèles présentant une grande stabilité tout en étant complètement dépourvus de tout équilibreur longitudinal, accessoire appelé plus communément *queue du cerf-volant.*

Le présent ouvrage sera donc consacré à

l'étude de ces différents modèles de cerfs-volants, ainsi qu'à la revue des méthodes et procédés à mettre en œuvre pour calculer, construire, lancer et manœuvrer ces appareils, que l'on peut ranger en trois catégories distinctes, que l'on peut énumérer ainsi qu'il suit :

1° Les cerfs-volants *plans*, les plus anciennement connus, et qui sont pourvus d'une queue équilibrante ;

2° Les cerfs-volants *dièdres*, et ceux à *poches trouées*, qui nous viennent de l'Orient et s'équilibrent automatiquement.

3° Les cerfs-volants *composés*, ou *multiples*, les plus scientifiquemnet conçus, et auxquels on peut rattacher les *cellulaires* et les *planeurs*, ces derniers très en faveur maintenant.

Les ouvrages sur le sujet qui nous occupe sont encore très peu nombreux. Le modèle du genre est incontestablement l'ouvrage publié sous ce titre par l'ingénieur Lecornu, cerf-volantiste convaincu et créateur d'un remarquable modèle de cerf-volant multicellulaire ayant remporté les plus hauts prix aux Concours de cerf-volant de l'Exposition Universelle de 1900. Toutefois, le prix de ce volume est assez élevé et c'est pour mettre à la portée d'un plus grand nombre de jeunes amateurs un recueil de renseignements pratiques sur les cerfs-volants que j'ai pensé à réunir les pages qui suivent, préparé d'ailleurs à la rédaction d'un semblable travail que j'étais par la rédaction récente, d'un ouvrage analogue (1). Toutefois, j'ai supprimé du présent opuscule toutes les parties abstraites, formules algébriques et données mathématiques, pour me borner à des indications pratiques, résultant de ma propre expérience sur les moyens de construire économiquement les cerfs-volants de toute espèce. J'espère, de cette façon, pouvoir être utilement consulté par les jeunes gens désireux de s'adonner au sport passionnant du cerf-volant, en les aidant à surmonter les difficultés du début et leur permettant de tirer le meilleur parti d'un appareil, quelles que soient les conditions atmosphériques.

Cette explication donnée, j'entrerai immédiatement de plain-pied dans mon sujet

---

(1) Le Constructeur d'Appareils aériens, 1 vol. in-4°, avec 107 fig. H. Desforges, éditeur.

par une brève exposition de la théorie des cerfs-volants.

Pourquoi un cerf-volant se soutient dans l'air.

L'enlèvement et la sustentation d'un appareil pesant, d'un cerf-volant, dans l'atmosphère, résultent de la résistance opposée à l'air par la surface de cet appareil, résistance qui annule la pesanteur du cerf-volant. La conséquence directe de ce fait, c'est qu'un cerf-volant ne saurait s'enlever et se soutenir si l'air était absolument calme. Lorsque ce fait se produit, on peut cependant parer à cette absence totale de vent en communiquant au plan une vitesse propre suffisante. C'est ce que font les enfants qui courent de toute leur force en tirant sur la ficelle de leur jouet, mais, dès que leur course se ralentit, la résistance de l'air n'est plus suffisante et le cerf-volant retombe.

Étant donné que le vent souffle toujours à peu près parallèlement à la surface du sol, c'est-à-dire horizontalement, la surface du plan [illegible], le cerf-volant ne doit pas être verticale, c'est-à-dire perpendiculaire au courant aérien. Elle doit être oblique, et cette inclinaison est déterminée par l'influence respective de trois forces distinctes : la pression du vent sur le plan, la pesanteur et la tension de la ficelle de retenue. Cette ficelle ne doit donc pas être attachée au *centre de pression*, point où l'on peut centraliser l'effort produit par le vent, mais bien au-dessus de ce centre, de manière à permettre au plan de s'incliner plus ou moins sur le lit du vent.

Fig. 1. — Centre de pression.

Pour déterminer, dans un cerf-volant plan, l'endroit exact du centre de pression, il existe un moyen très simple, indiqué par Lecornu, et qui consiste à découper dans un morceau de carte (papier Bristol), une réduction à petite échelle de l'appareil que l'on veut construire. On plie exactement en deux, suivant une ligne droite entre les deux pointes supérieure et inférieure, ce modèle (fig. 1) et on le pose sur la pointe d'un clou fiché verticalement dans un morceau de bois. On déplace le modèle jusqu'à ce qu'il se maintienne en équilibre sur le clou; on marque l'endroit et on reporte ensuite ce point, dans les proportions de l'échelle adoptée, sur le grand cerf-volant.

Le centre de gravité de l'appareil peut ensuite être connu par un procédé analogue,

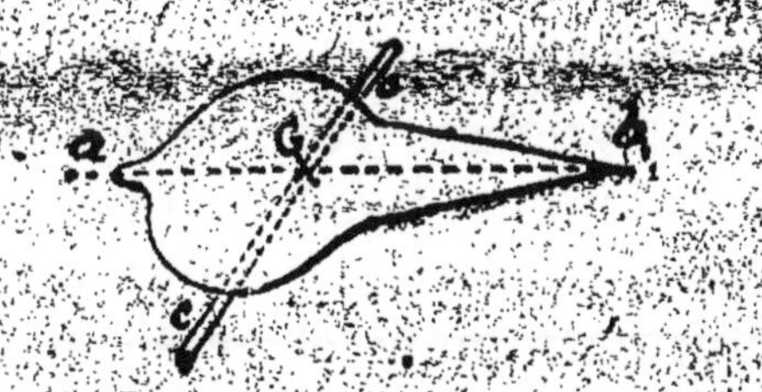

Fig. 2. — Recherche du centre de gravité.

mais il est plus utile alors de tailler une reproduction réduite. Il suffit de poser, sur une tringle ou une baguette bien horizontal *c c*, le cerf-volant en travers de cette baguette et de chercher l'endroit où le plan se trouve en équilibre sans basculer d'un côté ou de l'autre. Le centre de gravité se trouve à l'intersection de la baguette et de l'épine dorsale du cerf-volant en G, sur la ligne *a b* (fig. 2).

Les deux points correspondant au centre de pression et au centre de gravité étant connus, on en peut déduire l'emplacement, théoriquement exact, de l'endroit où la ficelle doit être attachée, afin que le plan se soutienne en équilibre sur l'air. De cette façon, l'appareil aura une force ascensionnelle maximum pour une vitesse de vent donnée, force ascensionnelle représentant son poids, ce qui amène justement l'équilibre cherché entre la résistance de l'air et la surface du plan. C'est en raison de cet effet que le cerf-volant s'élève dans l'espace en faisant serpenter sa longue queue comme une banderole légère, et qu'il plane une fois arrivée à son point culminant et arrêté dans son essor par le poids de la ficelle de retenue.

Point d'attache de la ficelle

Ainsi donc, et dans ces circonstances, la théorie et la pratique sont d'accord pour démontrer qu'il est indispensable d'attacher la ficelle du cerf-volant à un point déterminé de l'épine dorsale, point dont l'emplacement dépend de la forme de l'appareil, et, par conséquent, de l'endroit du centre de gravité et du centre de pression. De cette façon, l'effort de tension exercé par le vent sur la ficelle, dans ces conditions théoriques d'attache, variera du simple au double. C'est-à-dire que, si le cerf-volant pèse 1 kilog., la traction exercée sur la ficelle sera de 1 kilog. au cas où il n'y a pas de vent. La ficelle porte alors le poids mort de l'objet sur lequel aucun courant d'air n'agit. Cette tension sera doublée et portée à 2 kil. au cas d'un vent, d'une force infinie sous lequel l'appareil prendrait une position horizontale.

On me fera immédiatement remarquer qu'il est fréquent de constater, lorsqu'on manœuvre par temps un peu venteux, un cerf-volant de 1 kilog., des tensions très supérieures à 2 kilogs, et telles, qu'il en résulte fréquemment, la rupture de la ficelle. C'est qu'alors celle-ci n'était pas attachée au point théorique déduit plus haut, sans quoi, si elle passait par ce point, elle ne saurait se rompre, quelle que fût la violence du vent.

Il est malheureusement fort difficile en pratique, sinon impossible, d'attacher la ficelle de retenue d'une manière invariable en un endroit donné de l'épine dorsale du cerf-volant, car le centre de pression s'éloigne d'autant plus du centre de gravité que la vitesse du vent augmente et que le cerf-volant s'incline davantage sous sa pression. Il résulte de ce fait, plusieurs fois contrôlé, que la position du centre de poussée variant constamment, il n'est pas possible de fixer l'attache de la ficelle en un point nettement déterminé le long de l'axe, et c'est pour tourner cette difficulté que l'on est dans l'usage de remplacer cette attache unique par une bride partant du sommet du cerf-volant pour aboutir à l'autre extrémité de l'épine dorsale. Par cette disposition, la condition cherchée est plus facilement remplie et le cerf-volant peut se coucher sur le vent si celui-ci augmente et se change en bourrasque.

Densité et poids des cerfs-volants

Une considération très importante en matière de cerfs-volants réside dans leur poids, ou, comme dit l'ingénieur Lecornu, dans leur *densité*, qui est le rapport de ce poids à la surface utile, ayant le mètre carré pour unité. Suivant que cette densité sera plus ou moins forte, que l'appareil pèsera plus ou moins lourd au mètre carré, il s'enlèvera

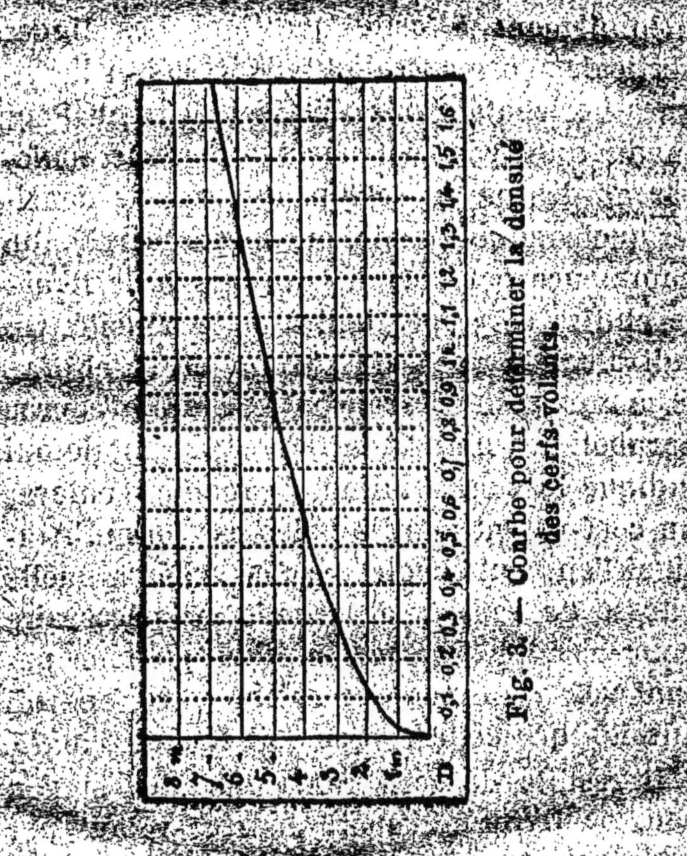

Fig. 3. — Courbe pour déterminer la densité des cerfs-volants.

plus ou moins aisément. On peut désigner sous le nom de *vent-limite*, le vent pour lequel un cerf-volant prends son équilibre au ras du sol, c'est-à-dire ne peut s'envoler. Pour faciliter le calcul de ce vent, on peut se reporter au schéma, fig. 3, qui répond immédiatement à cette question. Les lignes verticales correspondent aux poids et les lignes horizontales aux vitesses de vent. Pour savoir quel vent est nécessaire pour soulever au-dessus du sol un appareil de densité quelconque (poids au mètre carré), on commence par chercher au bas de la figure le chiffre correspondant à cette densité. On suit alors la verticale partant de ce chiffre, et, à son point de rencontre avec la courbe parabolique, on suit la ligne horizontale qui indique le vent minimum capable d'enlever un cerf-volant dont le poids est connu. Ainsi, si l'on veut savoir, avec ce schéma quelle vitesse de vent à la seconde est nécessaire pour assurer l'ascension d'un planeur pesant 900 grammes par mètre carré, on voit aussitôt que cette vitesse doit être de 4 m. 75.

Il résulte de cette remarque que, si l'on veut se livrer au sport du cerf-volant par n'importe quel temps, il faudra de toute nécessité se munir de plusieurs appareils plus ou moins lourds ; les plus légers pouvant s'enlever avec les brises les plus légères, et d'autres, plus robustes, capables de résister aux bourrasques violentes. Une densité de 200 grammes par mètre carré de surface est suffisante pour la plupart des vents régnant en France, mais lorsque la vitesse de ceux-ci atteint et dépasse 4 m. 50 par seconde, leur carcasse est trop faible et devient sujette à se rompre. Il faut, pour des vents de 4 à 8 mètres, des instruments assez solides, de densité variant entre 500 et 600 grammes. Pour des vents de 10 mètres à la seconde, il faut des appareils d'une densité d'au moins 1 kilogramme et de 1 kilogramme et demi à deux kilogs pour des vents très forts, filant plus de 40 à 50 kilomètres à l'heure.

Vitesse du vent

Il est nécessaire d'évaluer approximativement la vitesse du courant aérien avant de procéder au lancement d'un appareil volant quelconque. Le meilleur moyen serait d'avoir un anémomètre avec compte-tours, monté à l'extrémité d'une longue perche, mais un semblable instrument est assez embarrassant à transporter et à mettre en place, et de plus il est assez coûteux. On pourrait, il est vrai, le remplacer par un moulinet léger s'orientant automatiquement par une girouette, mais ce dispositif est assez peu précis. Le moyen le plus simple consiste à observer attentivement les mouvements des feuilles des arbres, la fumée s'échappant des cheminées, etc. On aura des indices suffisants sur la rapidité avec laquelle se déplacent les molécules aériennes, et on choisira en conséquence un modèle de cerf-volant à carcasse plus ou moins lourde.

La pression du vent augmente avec sa vitesse de translation. Elle est la suivante d'après Coulomb et Borda :

Vitesse				Pression
1	mètre	par seconde	...	0 kil. 140
2	»	»	....	0 » 540
3	»	»	....	1 » 100
4	»	»	....	2 » 170
6	»	»	....	4 » 870
7	»	»	....	6 » 140
8	»	»	....	8 » 670
9	»	»	....	10 » 980
10	»	»	....	13 » 500
12	»	»	....	19 » 500
15	»	»	....	30 » 500
20	»	»	....	54 » 160
25	»	»	....	78 » ...
30	»	»	....	122 » ...
35	»	»	....	175 » ...
45	»	»	....	277 » ...

Ainsi que l'on s'en rend compte en examinant les chiffres de ce tableau, la pression de l'air ne s'accroît pas dans la même proportion que la vitesse, elle augmente beaucoup plus vite que cette dernière. Alors qu'une très forte brise de 36 kilomètres à l'heure fournit une pression de treize kilos et demi par mètre carré de surface, un vent impétueux, dont la vitesse est double (72 kilomètres à l'heure) a une pression *quatre fois* plus forte : 54 kilogrammes. On peut donc poser en principe que la pression augmente comme le carré de la vitesse du vent.

Le physicien Beaufort a établi une échelle de progression pour les différentes vitesses et pressions de l'air en mouvement, et nous reproduisons ci-après ce tableau.

Les amateurs de cerfs-volants devront consulter cette échelle de progression qui leur fournira des indications utiles. De toute façon, si l'on ne peut espérer avoir de bons résultats avec un vent trop faible ou presque nul, il sera bon de rentrer ses appareils si la vitesse du vent atteint 18 ou 20 mètres par seconde. Déjà, à 50 kilomètres à l'heure, la manœuvre devient difficultueuse et pénible, surtout si la surface du cerf est assez

ÉCHELLE de Beaufort	CARACTÉRISTIQUE DU VENT	VITESSE en mètres par seconde	PRESSION en kilog par mètre carré	EFFETS PRODUITS PAR LE DÉPLACEMENT DE L'AIR
0	Calme	—	—	Calme absolu.
1	Très faible	1 5	0 26	La fumée monte à peu près verticalement.
2	Faible	3 7	1 17	A peine sensible pour une personne immobile.
3	Léger	6 2	4 80	Fait remuer un drapeau léger et bouger les feuilles des arbres.
4	Modéré	8 8	9 68	Fait flotter un drapeau, agite les petites branches d'arbres.
5	Frais	11 8	17 40	Fait mouvoir les branches moyennes des arbres et devient d'une sensation désagréable.
6	Assez fort	15 0	28 12	Se fait entendre contre les maisons ou des obstacles solides et fait mouvoir les grosses branches des arbres.
7	Fort	18 8	40 50	Fait courber le tronc des petits arbres et provoque des vagues déferlantes à la surface d'eaux stagnantes.
8	Très fort	24 0	72 00	Les troncs des gros arbres sont courbés. Les petites branches cassent. Un homme qui s'avance contre le vent est visiblement retardé dans sa marche.
9	Violent	32 8	134 48	Des obstacles légers : tuiles, ardoises etc., sont enlevés.
10	Tempête	50 0	312 50	Des arbres sont brisés ou déracinés.
11	Forte temp.	—	—	Effet de renversement sur les obstacles. Des toitures sont enlevées, de gros arbres sont déracinés.
12	Ouragan	—	—	Dévastation complète.

vaste, et la traction opérée sur la ficelle très forte. C'est avec des vents de 5 à 12 mètres par seconde que l'on a le plus d'agrément pour le maniement des cerfs-volants et nous conseillerons de sortir surtout à ce moment. Il est certaines époques de l'année, en septembre notamment, où ces vents soufflent très régulièrement pendant des semaines entières, et il convient alors de profiter de ces temps propices pour lancer des cerfs-volants.

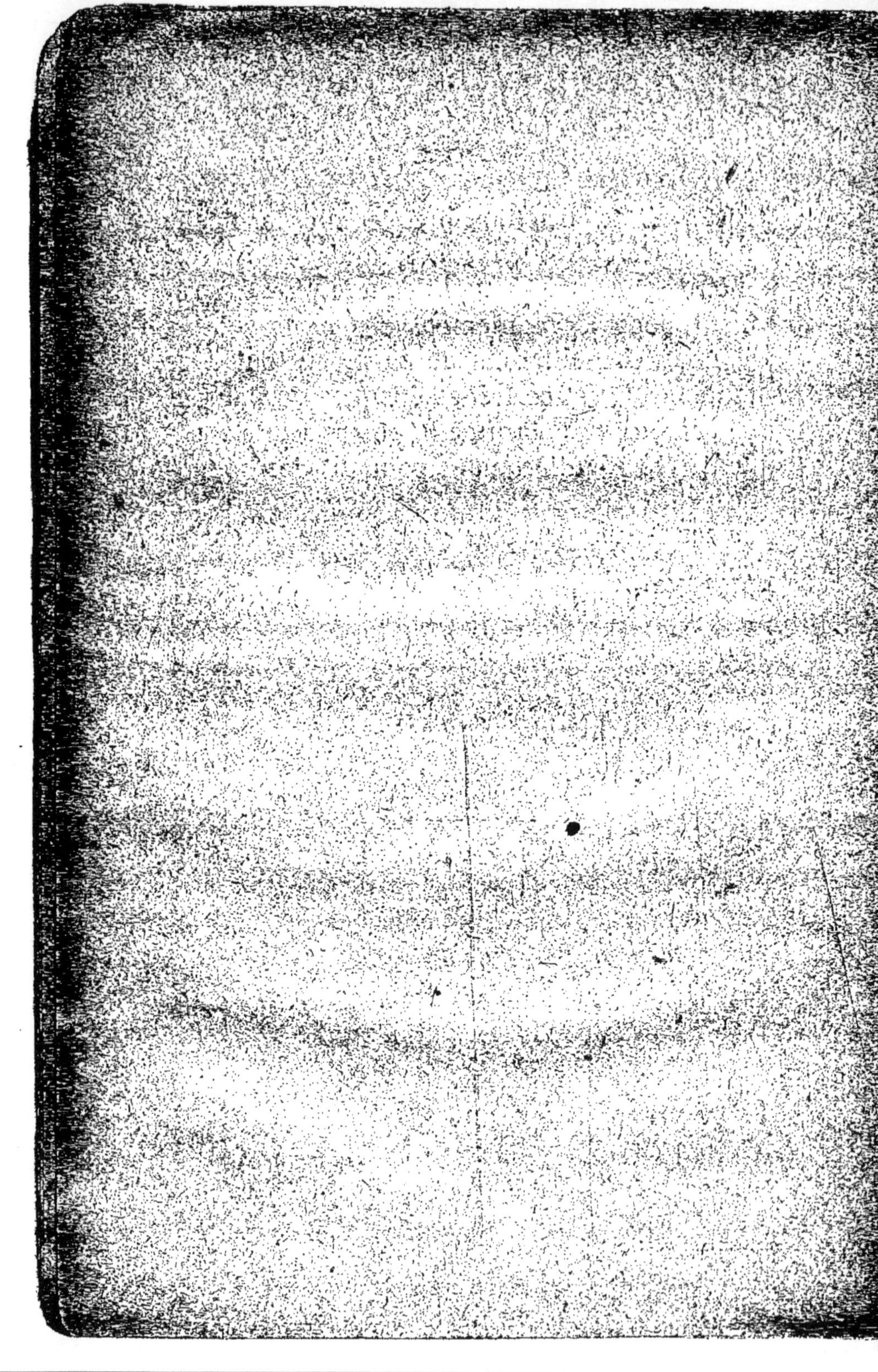

CHAPITRE II

AGENCEMENT ET FONCTIONNEMENT DES CERFS-VOLANTS

Plans directeurs

Les cerfs-volants peuvent présenter une grande variété de formes, dans lesquelles on s'efforce de réaliser un équilibre aussi parfait que possible, que l'appareil monte, descende ou reste immobile dans le lit du vent.

Il faut donc munir un cerf-volant de dispositifs particuliers assurant automatiquement cet équilibre, aussi bien longitudinal (d'avant en arrière) que transversal, et parmi ces dispositifs, il faut citer tout d'abord les plans additionnels, directeurs ou simplement régulateurs.

On conçoit que si, pour une cause quelconque, un cerf-volant vient à s'incliner et à prendre une position le rapprochant davantage de l'horizontale qu'il ne l'était un instant auparavant, comme le vent agit toujours normalement au plan, la direction de la poussée changera et le cerf-volant viendra en s'inclinant jusque dans une nouvelle position où la ficelle de retenue se retrouvera de nouveau dans le prolongement du sens du vent, ce qui pourra bien ne se produire qu'au moment où l'instrument sera retombé sur le sol. De toute façon, même si la chute ne s'ensuit pas, on conçoit bien que, dans cette position oblique par rapport à la direction normale du vent, le cerf-volant offrant une moindre surface à son action, ses qualités ascensionnelles se trouvent très diminuées, et que son équilibre deviendra très précaire.

Pour empêcher cet effet fâcheux, on peut adjoindre au cerf-volant un plan *directeur*, disposé perpendiculairement au plan *sustenteur*, et ayant pour but de maintenir l'appareil constamment dans le lit du vent. En cas de changement de direction du vent, ce plan directeur subira immédiatement une poussée ramenant le planeur dans la bonne direction et assurant ainsi sa stabilité.

L'emplacement du plan directeur sur le plan sustenteur peut être quelconque, à la condition toutefois qu'il soit judicieusement choisi. Il peut être agencé à l'avant ou à l'arrière. De même, il peut être divisé en deux parties distinctes placées, l'une à la tête, l'autre à l'extrémité de l'épine dorsale de l'appareil. La ficelle devra être attachée sur le bord antérieur du plan directeur, sans quoi, loin de rétablir l'équilibre, la présence de ce plan ne ferait qu'accentuer la chute, la pression sur ce plan ajoutant son effet à celui du plan sustenteur.

Il existe encore une autre variété de plans directeurs, mais dont le rôle est un peu différent : ce sont plutôt des plans *régulateurs*, dont la présence est avantageuse quand on veut obtenir une stabilité parfaite, malgré des rafales tendant à l'élever.

Dans un modèle décrit par l'ingénieur Ch. du Hawel, le plan régulateur consiste en un plan de tête dirigé vers l'arrière du cerf-volant et faisant avec le plan sustenteur un angle qui dépend des conditions de stabilité que l'on veut réaliser. Avec cette surface additionnelle, lorsqu'une rafale oblige le cerf-volant à s'incliner, la superficie offerte à l'action du vent augmente, et cette suppression progressive, contribue à

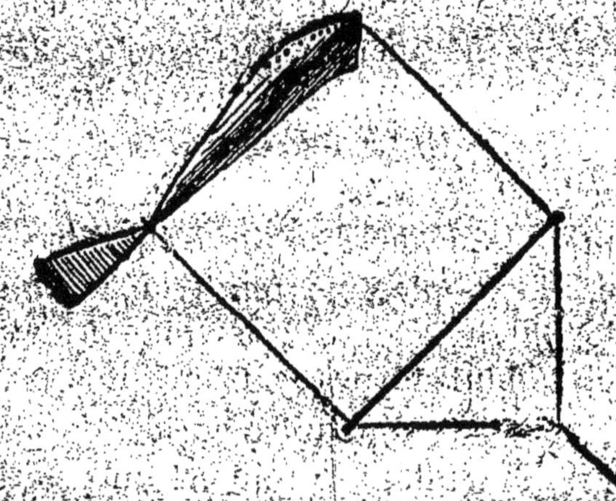

Fig. 4. — Cerf-volant Bazin à plan directeur à l'arrière.

ramener le cerf-volant dans sa position primitive.

M. Bazin a décrit, en 1889, un système de cerf-volant du même genre, composé d'un plan sustenteur de la forme classique, en V arrondi en haut, et terminé à son extrémité postérieure par un plan directeur vertical triangulaire. Le plan sustenteur était relié par deux ficelles d'égale longueur à une baguette de la même longueur que le plan sustenteur, si bien que l'ensemble formait un parallélogramme parfait, la baguette ayant toujours la même inclinaison que le cerf-volant lui-même. En disposant cette baguette plus ou moins obliquement, on pouvait à volonté faire rapprocher le cerf-volant de la verticale, ou, au contraire, le ramener au sol.

Cerfs-volants dièdres

Il est une catégorie de cerfs-volants dans lesquels le plan directeur ou régulateur se confond avec le plan sustenteur : ce sont les *dièdres*, dont il existe plusieurs modèles. On sait qu'en géométrie, on nomme *dièdre* une figure formée par la rencontre de deux plans se coupant suivant une arête commune (fig. 5). Dans les cerfs-volants dérivant de cette forme, l'épine dorsale forme l'arête commune, et les deux plans du dièdre sont à la fois sustenteurs et directeurs.

La stabilité de ce genre de cerfs-volants est aussi grande que s'ils possédaient des plans directeurs distincts du plan sustenteur, car ils agissent automatiquement. Si,

Fig. 5. — Dièdre.
Plans C et D se coupant pour former l'arête A B,

par suite d'une variation dans la force du vent, l'angle formé par les deux plans tend

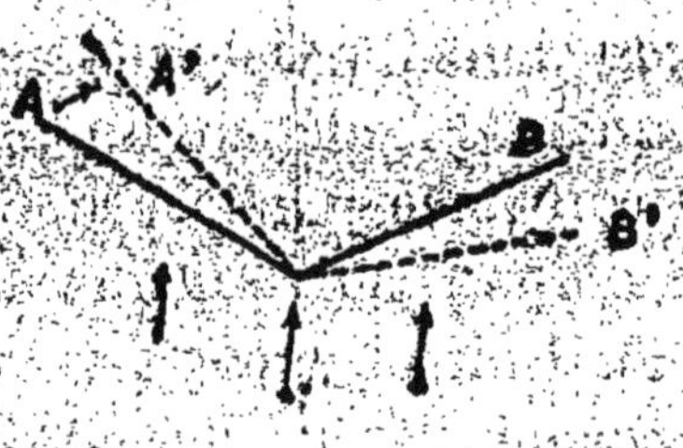

Fig. 6.

à augmenter ou diminuer d'ouverture, l'une des deux surfaces, se rapprochant de la position normale au vent, voit augmenter la pression qu'elle supporte, tandis que l'autre s'efface et subit une pression plus faible (fig. 6). Ces deux effets concourent donc à ramener l'appareil face au vent et à assurer sa stabilité, qui se maintient ainsi avec peu d'oscillations à droite et à gauche de la position moyenne d'équilibre.

On trouve l'application de ce principe dans nombre de cerfs-volants de provenance extrême-orientale, notamment dans les *mouches* japonaises, formées d'un corps plat, constituant le plan sustenteur, et de deux ailes ajoutant leur effet à celui de ce plan, tout en fonctionnant en même temps comme plans directeurs. Mais on trouve dans ces organes l'application d'un nouveau principe : *la poche trouée* qui complète l'effet des ailes agissant comme les plans d'un dièdre.

Ces ailes, qui, au repos, sont exactement dans le même plan que le corps de l'appareil, peuvent s'effacer plus ou moins en arrière sous l'effort de la brise. L'équilibre est ainsi obtenu automatiquement, mais au prix d'oscillations violentes que l'on supprime complètement par suite de l'ouverture pratiquée à l'extrémité de chacune des ailes.

« On sait, dit M. Lecornu, que lorsque le vent presse une surface, les molécules d'air s'infléchissent sur cette surface, glissent le long d'elle et s'échappent par les bords du plan, mais il en résulte forcément des remous, absolument comme on en observe dans un cours d'eau lorsqu'on place une planche dans le courant perpendiculairement à lui. Or, ces remous ont pour effet de gêner le glissement des molécules d'air et de modifier la valeur de la composante normale du vent, par suite des oscillations imprimées au cerf-volant. Supposons que nous donnions issue au vent sur la surface même du cerf-volant, nous supprimons ces remous et obtenons aussitôt une immobilité presque complète du modèle. »

C'est une adjonction qui rappelle celle du *trou de Lalande,* pratiqué au sommet des parachutes, sur le conseil de l'astronome de ce nom. Cette ouverture, de grandeur calculée, permet de laisser échapper l'air comprimée sous la concavité du dôme d'étoffe pendant sa descente, et d'éviter les balancements inquiétants de l'appareil dans l'espace. On a essayé, dans la marine, de voiles trouées pour supprimer les remous de l'air à l'échappement et l'effet utile s'est trouvé supérieur à celui des voiles de même surface non percées de ce trou d'évacuation.

Les poches trouées des cerfs-volants japonais assurent la stabilité absolue de ces remarquables volateurs, l'équilibre étant déjà obtenu par l'élasticité des ailes, qui se courbent sous la brise en formant un dièdre auto-réglable. L'air emmagasiné dans ces poches creuses s'échappe ensuite par la petite ouverture ménagée aux extrémités intérieures des ailes, et il en résulte un équilibre parfait. Les cerfs-volants dièdres, avec ou sans poches trouées, n'ont pas besoin de queue abaissant leur centre de gravité et assurant leur stabilité.

Cerfs-volants multiples

On donne ce nom à un agencement formé d'un certain nombre de cerfs-volants simples pourvus chacun d'un plan sustenteur et possédant ou non des plans directeurs. Des cerfs-volants ordinaires, à queue stabilisatrice, attachée en tandem sur une même ligne de retenue, constituent un assemblage ou un attelage de cerfs-volants, mais ne constituent pas, à proprement parler, des appareils multiples. Cette désignation est plutôt réservée à certains modèles combinés, tout différents de ceux étudiés jusqu'à présent, et qui se composent de surfaces simples.

Le cerf-volant multiple le plus simple comporte plusieurs surfaces identiques : carrées, rectangulaires, hexagonales, disposées les unes derrière les autres à une certaine distance déterminée par la longueur donnée à trois ou quatre de ces accouplements sont délicats. Mais la manœuvre et le lancement de ces accouplements sont délicats, et c'est pourquoi il est préférable d'employer des modèles dont les différents éléments sont associés d'une façon rigide tels que dans les *cellulaires* combinés par M. Hargrave de Sydney.

Ces derniers appareils sont caractérisés par deux plans sustenteurs et deux plans directeurs disposés perpendiculairement les uns par rapport aux autres. Ils affectent dont l'aspect de boîtes légères formées d'une carcasse rectangulaire, carrée ou « cylindrique, et sur laquelle sont tendues des bandes d'étoffe. J'aurai d'ailleurs à revenir en détail sur ce genre de cerfs-volants dans un chapitre ultérieur, et me bornerai à exposer ici les principes de leur fonctionnement.

On peut ranger dans la même catégorie les appareils comportant toute une série de plans symétriques rangés les uns derrière les autres sur une épine dorsale commune terminée par un plan directeur perpendiculaire aux autres.

Attache de la ligne de retenue

C'est là une question qui présente une grande importance et sur laquelle je suis obligé de revenir avant d'aller plus loin, et il convient de l'élucider définitivement.

Jusqu'ici nous n'avons considéré que le point d'attache théorique sur l'épine dorsale du cerf-volant et qui doit être choisi de telle manière que le plan sustenteur se trouve perpendiculaire à la ficelle. Si l'on attachait directement la ficelle à cette épine dorsale, la stabilité ne serait pas possible, car pour que le plan puisse demeurer en équilibre dans l'air, il faut que la direction de la ficelle passe par le point d'intersection de la direction de la pression normale avec celle de la pesanteur, autrement dit par les centres de gravité et de pression de l'appareil aérien (fig. 7).

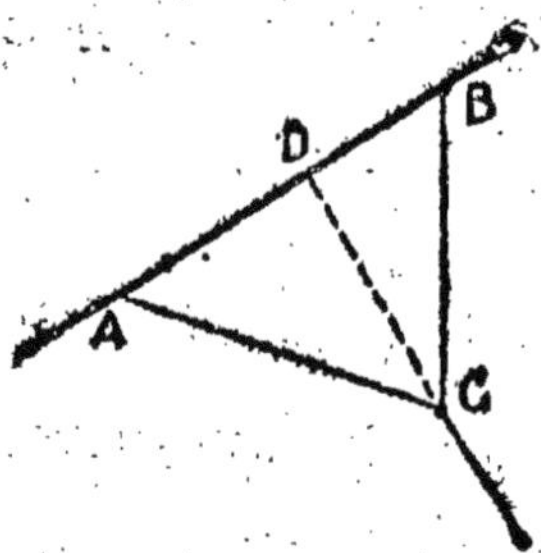

Fig. 7.

A mesure que cet appareil s'élève dans l'atmosphère, l'angle fait par le plan sur l'horizontale diminue et le centre de pression se rapproche du bord antérieur, exactement comme dans les aéroplanes. Il faut donc que ce point d'attache de la ficelle puisse se déplacer, de façon à ce que la condition énoncée plus haut se trouve constamment réalisée, et l'on peut y arriver à l'aide de *brides* dont la longueur est convenablement déterminée.

D'après un mémoire présenté en 1898, par le capitaine Baden-Powell, à la *Société des Arts* de Londres, la bride la plus convenable se compose d'une série de cordelettes partant des points du cerf-volant situés au-dessus et au-dessous du point d'attache théorique. Ces cordelettes sont réunies toutes ensemble et c'est à l'endroit où s'opère leur jonction que vient se fixer la ligne de retenue; M. Baden-Powell donne de l'efficacité de ces brides l'explication suivante :

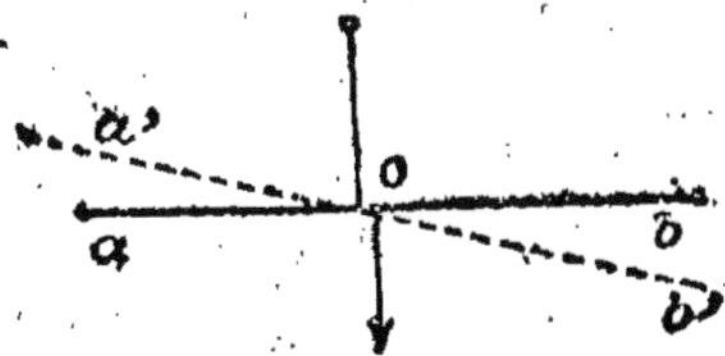

Fig. 8.

Si, à une baguette AB suspendue horizontalement à une ficelle fixée en son milieu O, on accroche un poids à quelque distance à droite ou à gauche de ce point O, la baguette prendra immédiatement une position verticale, et il en sera de même d'un cerf-volant dont la ficelle serait attachée en un point invariable (fig. 8). Dès que le vent agit avec plus de force d'un côté que de l'autre, ce cerf est obligé de se redresser. Si, au contraire, on suspend cette baguette à deux ficelles, fixées en deux points h' g' de l'épine dorsale éloignés l'un de l'autre et réunies ensemble en t, à une certaine distance au-dessus, on peut accrocher un poids en un endroit quelconque de la baguette, entre les

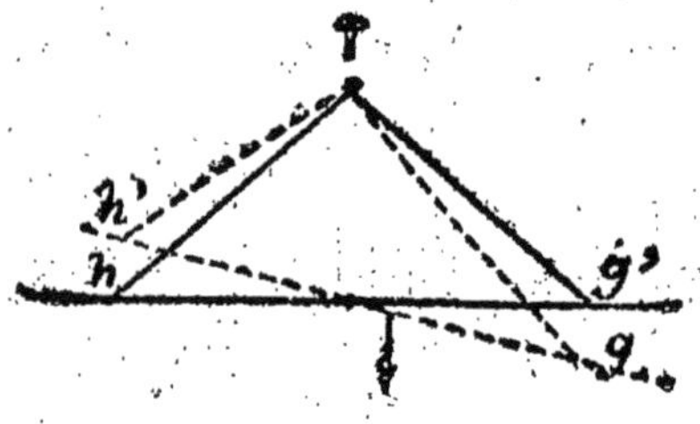

Fig. 9.

deux ficelles sans cependant que la baguette puisse prendre comme auparavant la position verticale (fig. 9). Elle s'inclinera simplement jusqu'à ce que le centre de gravité de l'ensemble se trouve juste sur la verticale abaissée du point de suspension. Pour la même raison, l'angle formé avec la ligne du vent par un cerf-volant retenu par une bride bien agencée, est tel que la traciton de la ficelle tend à s'opérer par le point d'attache théorique.

C'est là une explication ingénieuse et qui paraît être justifiée par les faits. On peut en déduire qu'il y a tout avantage à écarter le plus possible l'un de l'autre les points d'attache des cordelettes constituant la bride. Il faut également donner une certaine longueur aux brins composant cette bride. L'angle d'inclinaison du plan sera d'autant plus petit que le point de réunion des brides et de la ligne de retenue sera plus éloigné de la surface du plan, c'est-à-dire que les brins de la bride seront plus longs.

Bien entendu, il n'est pas utile d'exagérer. Une bonne longueur à donner à ces brins est celle de l'espace séparant leurs points respectifs d'attache.

Brides élastiques

Il n'est pas un amateur qui ait eu l'occasion de constater, lorsque le vent était quelque peu violent, des tensions énormes de la ficelle de retenue, bien heureux lorsqu'une rupture subite de ce lien ne causait pas la chute du cerf-volant et souvent la perte d'une longueur importante de ficelle. Cet accident démontre simplement que l'attache de la ligne n'était pas convenablement effectuée, et qu'elle ne correspondait pas à l'emplacement théorique. On peut éviter la production ou le retour de ce genre d'accident en faisant usage de brides élastiques permettant au plan sustenteur de s'incliner davantage sous l'effort des bourrasques. La surface qu'il présente au vent diminuant, la pression décroît dans la même proportion et la rupture de la ligne de retenue est évitée.

C'est aux météorologistes américains, et particulièrement au directeur de l'Observatoire de Blue-Hill (montagnes Rocheuses), M. Lawrence Rotche, que l'on doit les recherches les plus intéressantes sur ce genre de brides fort utiles pour les cas où l'on veut lancer des cerfs-volants de grandes dimensions sans risquer de voir rompre leur attache par des rafales imprévues. Il est bon de munir également de pareilles brides les planeurs que l'on veut charger d'appareils délicats : enregistreurs météorologiques ou chambres noires photographiques.

Les brides de ce genre sont composées de deux brins : l'un, celui partant du bord antérieur du plan, est une cordelette ordinaire ; l'autre comporte en son milieu une partie en caoutchouc tissé avec de la soie ou du coton (tissu élastique) et solidement reliée aux deux autres portions en cordelette. L'allongement maximum de cet élastique

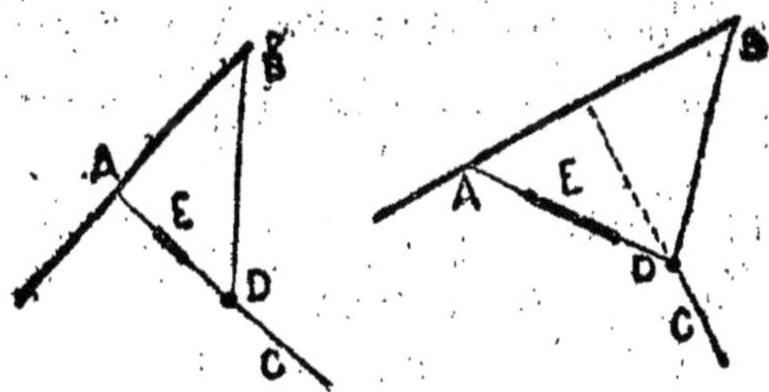

Fig. 10 et 11.

est préalablement déterminé avec beaucoup d'exactitude, de façon à ne pas dépasser une tension d'environ 5 kilogs par mètre carré de surface.

Lorsque le vent n'a qu'une force modérée, c'est l'élastique qui subit seul la tension, ainsi qu'il est indiqué en AB dans la fig. 10. Mais lorsqu'il s'accroît fortement, l'élastique s'allonge et alors une partie de la tension est supportée alors par le brin rigide A' C', fixé sur le bord avant (fig. 11).

M. Lecornu a reproduit dans son livre, d'après le bulletin de l'Observatoire de Blue-Hill, un exemple frappant de l'efficacité de ce genre de brides élastiques, et je reproduirai à mon tour cette relation :

« Deux cerfs-volants, dont l'un seulement était pourvu de la bride élastique, furent lancés par un vent de 80 kilomètres à l'heure. Le cerf-volant à bride élastique était réglé pour ne pas dépasser une tension de 5 kilogs par mètre carré, et effectivement, durant l'expérience, cette tension ne fut pas dépassée, alors que le cerf-volant sans bride élastique subissait une tension moyenne de 40 kilogs par mètre carré.

« Pendant une autre expérience au cours de laquelle cinq cerfs-volants étaient en l'air attelés à un câble unique, ce dernier cassa à un endroit défectueux. Le cerf-volant le plus bas s'étant accroché à un arbre à plusieurs kilomètres de l'endroit où était le treuil de manœuvre, les quatre autres cerfs-volants, qui présentaient ensemble une surface totale de plus de 12 mètres carrés, restèrent près de 24 heures en l'air. Pendant ce temps, le vent augmenta, souffla en tempête, et atteignit même une vitesse de 130 kilomètres à l'heure ; si les cerfs-volants n'avaient pas été munis de brides élastiques, la tension aurait certainement dépassé 500 kilogs, mais, grâce à l'élastique, la tension n'atteignit même pas la rupture du fil d'acier servant de ligne, charge qui était seulement de 150 kilogs. »

Cet exemple prouve l'avantage qui existe dans la présence de brides élastiques dans l'agencement des cerfs-volants plans ou multiples, aussi ne saurait-on trop en recommander l'emploi aux amateurs.

Si nous voulons résumer tout ce qui a été exposé jusqu'à présent, nous reconnaîtrons que le cerf-volant est un appareil dont la théorie ne présente plus aujourd'hui de secrets, car on a élucidé successivement toutes les inconnues du problème de la sustentation et de l'équilibre longitudinal ou transversal, ainsi que le rôle de la queue et des différents organes accessoires, tels que les brides, les poches trouées. C'est même grâce à ces recherches patientes que l'on est parvenu à perfectionner, ainsi qu'on est arrivé à le faire, le cerf-volant, qui s'est transformé peu à peu en planeur puis en volateur indépendant, c'est-à-dire en aéroplane. Ce dernier venu n'est autre chose, en effet, qu'un cerf-volant automobile dont la ficelle est remplacée par un propulseur actionné par un moteur et il provient en ligne directe des appareils dont nous allons étudier maintenant la construction.

CHAPITRE III

MATÉRIAUX ET OUTILLAGE POUR LA CONSTRUCTION DES CERFS-VOLANTS PLANS DE TOUTE ESPÈCE

Choix d'un modèle

La première préoccupation d'un amateur désireux de se consacrer à la pratique de sport aérien à l'aide de cerfs-volants réside dans la détermination de la forme et de la grandeur du modèle avec lequel on fera ses débuts.

Evidemment, le plus simple est de se rendre dans un bazar ou dans un magasin de jouets quelconque et d'y faire emplette de l'instrument qui plaît davantage par sa forme ou son agencement. Mais, en procédant ainsi, on se prive d'un plaisir qui est d'établir soi-même, de ses propres mains, l'appareil dont on fera usage, et dont on connaîtra ainsi beaucoup mieux les qualités et les imperfections que celles d'un modèle fabriqué à la grosse pour le commerce. Le vrai cerf-volantiste construit lui-même ses appareils et il a soin d'en établir de formes et de grandeurs diverses, avec des carcasses plus ou moins lourdes, afin de disposer toujours d'un type convenable, quel que soit le temps qui règne au moment du lancement.

Dans les cerfs-volants plans, les formes peuvent être très variées : on peut adopter celle d'un triangle plus ou moins allongé, d'un V fermé à sa partie supérieure, d'un cœur. On peut aussi les faire carrés, rectangulaires, hexagonaux, octogonaux et même circulaires et rotatifs, et les décorer suivant sa fantaisie. Si l'on veut plutôt réaliser des expériences sérieuses, il faut recourir de préférence aux modèles multiples : les cellulaires et multicellulaires sont particulièrement recommandés dans ces circonstances, car ils fournissent une puissance ascensionnelle très supérieure à celle des cerfs-volants plans ordinaires.

Matériaux à réunir. — La carcasse.

Le choix de la forme et de la grandeur à donner à l'appareil étant arrêté, on rassemble les matériaux devant entrer dans la composition du cerf-volant, c'est-à-dire, ce qui doit composer la *carcasse,* surfaces de sustention et d'équilibrage, enfin la ligne de retenue et les accessoires.

La carcasse, destinée à recevoir la voilure constituant la surface de sustention, est faite le plus souvent en bois, mais on peut également utiliser le métal, les tubes d'acier ou d'aluminium, dont on trouve dans le commerce des échantillons de tous diamètres et épaisseurs.

La première qualité d'un bois que l'on veut faire entrer dans l'ossature d'un appareil volant doit être la légèreté. Il faut aussi que sa résistance à la rupture soit considérable pour une faible section, et qu'il soit suffisamment élastique pour être facilement courbé et suivre le contour que l'on veut donner à l'instrument. Enfin ce bois doit être aussi homogène que possible, de façon à permettre d'en tirer des baguettes ayant sur toute leur longueur une section et un poids uniformes.

Il est rare de trouver toutes ces qualités réunies dans une même essence forestière. Cependant on peut conseiller le poirier, dans lequel on taille des baguettes plates que l'on passe ensuite à la filière pour leur donner une section cylindrique, le frêne, le châtaignier, enfin le sapin rouge, bien qu'il soit un peu cassant. Le chêne, le hêtre, le sycomore, sont trop lourds et ne conviennent pas. L'osier est un peu trop mou, cependant on peut l'employer pour fabriquer des modèles de petites dimensions en forme de cœur ou de poire. Le bambou est un bois excellent, bien qu'un peu lourd. Il est à la fois flexible et très résistant, mais, comme ses tiges sont coniques, il faut, si l'on veut avoir des tiges de même diamètre d'un bout à l'autre, fendre les baguettes en deux suivant leur longueur. On juxtapose ensuite ces deux demi-baguettes en sens inverse l'une de l'autre, c'est-à-dire l'extrémité la plus mince de l'une contre la partie la plus grosse de l'autre, puis on réunit ensemble ces deux morceaux en enroulant tout autour, en spires se chevauchant l'une l'autre, une bande de papier de la largeur du doigt (papier à serpentins), préalablement enduite de colle de pâte claire. L'ensemble, une fois sec, on a une baguette régulière présentant toutes les qualités requises pour constituer une carcasse solide.

Le métal qui peut entrer dans ce genre de construction est l'acier, et on utilise dans ce but les baleines faisant partie de la monture d'un vieux parapluie. Au cas où ces baleines seraient trop courtes pour le modèle que l'on veut établir, il faudrait en associer deux en les réunissant bout à bout par leur partie la plus forte. L'assemblage est opéré par une petite douille tubulaire, de 5 à 6 centimètres de longueur, dans laquelle on fait pénétrer à force, par chaque ouverture, chacune des tiges.

Lorsqu'on préfère employer l'aluminium, ce métal étant assez mou a besoin d'être allié avec un autre métal qui lui donne plus de ténacité, et les tubes d'alliage sont plutôt utilisés alors comme pièces de raccord, reliant deux baguettes de bambou, de roseau ou autre bois composant l'ossature, l'une à l'autre.

Matériaux pour la voilure

La matière la plus économique pour la confection des plans d'un cerf-volant est incontestablement le papier, et les enfants ont tôt fait de tailler un morceau de journal pour faire une *colombe* en papier plutôt rudimentaire, mais qui vole cependant au bout d'un fil de quelques mètres de long. Mais ce n'est pas là un vrai cerf-volant. Ce n'en est qu'une imitation informe, et l'on peut poser, en thèse générale, qu'il ne faut jamais se servir de papier pour recouvrir un cerf-volant auquel on tient un peu et que l'on veut conserver. Il faut absolument adopter l'étoffe pour la confection de la voilure, à moins qu'on ne puisse se procurer du papier japonais appelé *gambie*, semblable à celui dont on recouvre les cerfs-volants connus sous le nom de *mouches japonaises*. Ce genre de papier possède en effet une résistance extraordinaire, tout en étant d'une remarquable légèreté. On le fabrique avec des fibres végérales provenant d'arbustes appelés *mûrier à papier* et *gambi*, fibres d'une extrême tenacité que l'on agglomère de manière à constituer une espèce de feutre mince d'une extrême solidité, plus de quatre fois supérieure à celle des meilleurs papiers fabriqués en Europe. Ainsi, une feuille de gambie de deux centièmes seulement de millimètre d'épaisseur offre une résistance à la rupture de 5 kilogs par millimètre carré.

A défaut de ces papiers qu'il est assez difficile de trouver dans notre pays, il faut tailler les voilures dans de l'étoffe mince et légère. La meilleure à tous points de vue est la soie de Chine ou *pongée,* qui possède une résistance extrêmement forte, tout en ne pesant pas plus de 80 grammes au mètre carré. C'est ce genre de tissu qui est ordinairement employé pour la confection des enveloppes aérostatiques. Il n'est pas nécessaire, pour un cerf-volant, de la vernir à l'huile de lin pour l'imperméabiliser ; cette opération alourdirait inutilement le pongée. On se bornera à l'encoller avec de la colle de peau ou de passer une couche de vernis à l'alcool, (solution de collodion et baume du Canada) une fois le montage de l'appareil terminé. La voilure sera alors tendue comme une peau de tambour sur la carcasse et l'air ne pourra passer à travers la trame du tissu.

A défaut de pongée, qui n'a que le défaut d'un prix élevé, on se rabattra sur les tissus de coton glacés, tels que le shirting, le calicot, ou la mousseline. La variété teinte en rouge, connue sous le nom d'andrinople, et qui se vend sous des largeurs allant de 0 m. 80 à 2 m. 10 est très convenable pour cet usage et peut faire un très bon service. La mousseline est plus légère mais moins solide, la batiste est coûteuse, aussi le choix se limite-t-il, suivant la dépense que l'on veut faire, entre l'andrinople, le calicot et le pongée.

La voilure des cerfs-volants de petites dimensions, et que l'on veut faire extrêmement légère, peut encore être fabriquée en baudruche, pellicule tapissant le cœcum du bœuf, et qui, tout en présentant une très grande résistance, ne pèse que 30 grammes au mètre carré, alors que le coton pèse, pour la même surface de 125 à 175 grammes. On peut, avec la baudruche et l'aluminium, exécuter des cerfs-volants plans dont la densité n'atteint pas 0,2 (200 grammes par mètre carré), et qui, par conséquent peuvent s'élever par des brises extrêmement faibles. Lorsqu'on fait usage de bambou collé pour la carcasse et de soie pour la voilure, la densité ne dépasse pas 0,3 pour de petits modèles, et elle est d'au moins 0,5 avec le coton et l'osier et le poirier.

Ligne de retenue

La ficelle rattachant le planeur au sol doit, comme tout le matériel montant, être à la fois solide et résistante. Pour un modèle de quelques décimètres carrés de surface seulement, un fil de coton peut suffire, mais dès que l'on atteint un demi-mètre carré, il faut employer le chanvre, qui seul possède la ténacité indispensable.

Les meilleures qualités sont le chanvre blanc d'Anjou, d'Italie, de Russie ou encore celle connue sous le nom de *manille*, qui sert à lier les javelles dans les moissonneuses-lieuses. Il est superflu de dire qu'il faut mettre le prix si l'on veut avoir de la bonne qualité, et il convient de ne pas trop vouloir économiser sur le prix de la ficelle, surtout si le cerf-volant doit être de grandes dimensions. On évitera ainsi bien des ennuis, bien des mécomptes qui résulteraient de l'usage de ficelle commune n'ayant qu'une solidité très aléatoire.

Une bonne ligne de retenue devra être égale et régulière, sans bosses formées par des amas de filasse collée aux endroits des sutures. Elle devra être très retordue et on fera bien de faire essayer sa résistance à la rupture au dynamomètre, à moins que cette résistance ne soit indiquée par le fabricant.

Le chanvre présente l'inconvénient d'être quelque peu hygrométrique, c'est-à-dire susceptible d'absorber facilement l'humidité de l'air. La ficelle tend donc à la longue à se détordre, à s'effilocher et à faire des *coques* ou nœuds lorsqu'on l'enroule sur sa pelote. Il y a un moyen très simple d'empêcher ces effets : c'est de *cirer* la ficelle. Pour cela, on tend la ficelle de toute sa longueur, en pleine campagne ou le long d'une route, en l'attachant aux arbres, puis, avec un chiffon de laine ou de flanelle recouvert d'encaustique pâteux, on frotte le chanvre, dont tous les brins se collent ensemble grâce à la cire qui les agglomère et les colle les uns aux autres. Lorsque toute la ficelle a été ainsi enduite de cire, elle n'a plus aucune tendance à se détordre; elle s'emmêle moins aisément et enfin elle est beaucoup moins sensible à l'humidité. On peut alors la rouler en pelotes ou l'emmagasiner sur le tambour du dévidoir.

La ligne de retenue doit pouvoir s'attacher et se détacher facilement du cerf-volant. Pour cela, on munit son extrémité d'un *cabillot,* simple petit cylindre de bois dur de quatre ou cinq centimètres de longueur sur un demi-centimètre de diamètre, creusé en son milieu d'une gorge dans laquelle passe la ligne. On fait faire deux tours à la ficelle, puis on exécute un nœud coulant que l'on serre bien, et enfin on arrête le brin libre par un transfil en fil de coton, de deux centimètres de haut, que l'on enduit de colle de pâte claire une fois terminé. De cette façon, la liaison du cabillot et de la ficelle est solide, et ce cabillot pourra être engagé dans l'estrope du cerf-volant ou retiré suivant les besoins.

Au cas où l'on voudrait exécuter des expériences sur l'électricité atmosphérique, il serait nécessaire de rendre la ligne conductrice. Il suffit pour cela de tresser autour de cette ficelle un fil de cuivre nu de haute conductibilité, mais une semblable ligne devra être employée avec une grande prudence pour éviter les accidents dus à la foudre.

Le fil métallique pourra être très fin, trois à cinq dixièmes de millimètre de diamètre au plus, pour ne pas trop alourdir la ligne. La tension de l'électricité atmosphérique étant excessivement élevée, il n'est pas besoin d'ailleurs de fil de forte section. Le cuivre devra être mis en rapport avec une plaque métallique assez large, enterrée dans le sol à quelques pas du treuil, de manière à faciliter l'écoulement de l'électricité dans la terre.

On doit encore mentionner l'emploi qui est fait du fil d'acier (corde à piano de un millimètre) comme ligne de retenue des équipages de grands cerfs-volants météorologiques, mais il faut remarquer que c'est seulement quand on veut atteindre de très grandes altitudes, 5 à 6,000 mètres que l'on emploie ce fil qui, sous un faible poids et surtout une faible section, présente une très grande résistance à la rupture. Pour des hauteurs ne dépassant pas 2,000 mètres, la ficelle de chanvre suffit.

Attaches du cerf-volant à la ligne

Ces attaches, au nombre de deux, trois ou davantage, suivant la forme et les dimensions de l'appareil, sont composées de cordelettes solidement fixées par une de leurs extrémités à une pièce de la carcasse et se réunissant toutes ensemble par leur autre extrémité de manière à former un point nodal auquel on rattache par un anneau une

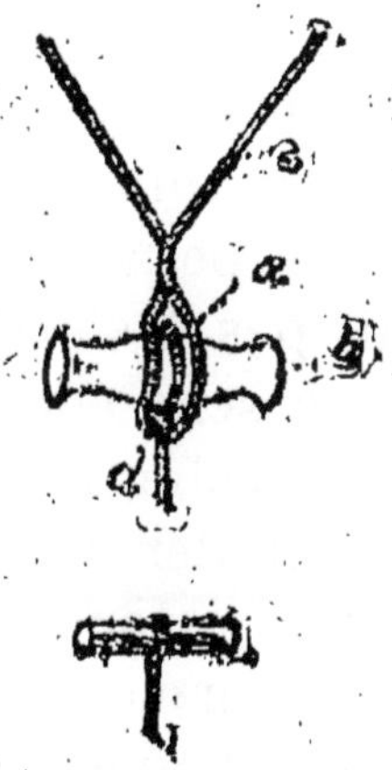

Fig. 12. — Estrope sur son cabillot.
a, boucle. — *b*, cabillot. — *c*, attache. — *d*, ligne.
Au-dessous, forme de cabillot plus simple.

boucle ou *estrope* en ficelle de même grosseur que les brins constituant la bride du cerf-volant (fig. 11).

Il est à remarquer que, dans les cerfs-volants plans, ces brins doivent passer *à travers* le papier ou l'étoffe de la voilure, les baguettes constituant l'ossature se trouvant alors *à l'envers* du cerf-volant et n'étant pas visibles des spectateurs lorsque l'appareil plane dans les airs. Cette disposition a une raison bien simple, elle a pour but de permettre à l'étoffe de s'appliquer sur toute la surface de l'armature en répartissant la pression qu'elle subit sur toute sa longueur. Autrement, la voilure se ballonnerait comme une voile, et n'étant retenue que par quelques points de sa périphérie, elle ne tarderait pas à s'arracher de la carcasse incurvée en sens contraire par l'effort de traction de la ficelle. Enfin, il y a encore la raison de dissimuler à l'œil la membrure de bois pour ne laisser apparaître qu'une surface unie traversée seulement par les brins de la bride d'attache.

Il est très avantageux, rappelons-le encore une fois, de faire le brin inférieur non en cordelette, mais en tissu caoutchouté élastique. Une bride ainsi composée peut s'allonger sous l'action du vent, pendant que les brides supérieures en chanvre conservent une longueur immuable. Le plan peut alors s'incliner davantage, se coucher dans le vent, ce qui diminue la tension et empêche la rupture toujours possible de la ligne de retenue en cas de bourrasque violente et subite.

Fabrication de la queue

La *queue*, indispensable aux cerfs-volants plans pour assurer leur équilibre pendant le vol, se compose le plus ordinairement d'une ficelle assez grosse, d'un diamètre deux ou trois fois plus fort que celui de la ligne,

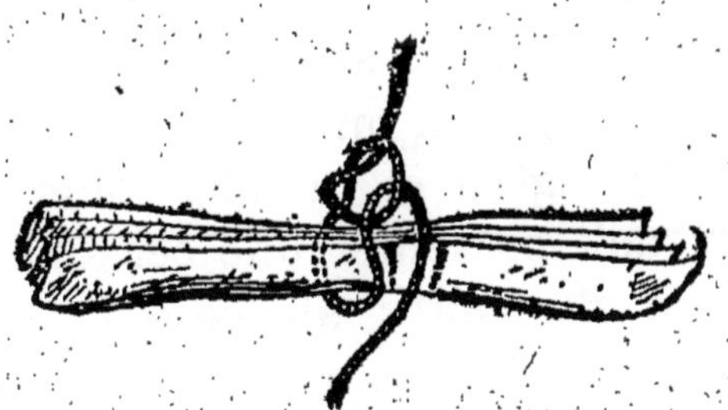

Fig. 13. — Tortillon et nœud.

et que l'on garnit de dix en dix centimètres de tortillons de papier formés d'une feuille de 8 à 10 centimètres de large que l'on replie cinq ou six fois de suite sur eux-mêmes. Toutefois, l'étoffe est encore préférable au papier pour préparer cet objet, car elle risque moins de s'emmêler que celui-ci.

La queue doit mesurer environ douze à quinze fois la longueur du cerf-volant. Les tortillons la composant sont d'abord préparés d'avance à raison de 8 à 12 par mètre de longueur de la ficelle. On les prend un à un de la main droite et on les engage jusqu'au milieu dans une boucle pratiquée avec la ficelle et semblable à celle que représente la fig. 12, puis on serre fortement cette boucle et on en prépare une un peu plus loin, ainsi de suite tout le long de la ficelle.

A l'extrémité, on attache un panache en papier découpé en minces lanières, ou en étoffe très légère et mobile. Cette sorte de pompon doit présenter une certaine surface à l'action du vent ; au besoin on pourra l'alourdir si le besoin s'en fait sentir par un caillou, une petite rondelle de métal, ou mieux par un sac que l'on remplira plus ou moins de sable ou de terre suivant la violence du vent.

Lorsque la partie du cerf-volant à laquelle la queue devra venir s'attacher se trouvera bifurquée ou trifurquée, comme c'est le cas dans les modèles polygonaux, la queue devra venir s'attacher aux extrémités des baguettes par une patte d'oie en V. On pourra alors disposer une estrope à chacune de ces baguettes ; les deux brins de la patte d'oie feront corps avec la ficelle centrale de la queue, et ils se termineront par deux petits cabillots pouvant pénétrer dans les boucles des estropes. La queue, de même que la ligne de retenue, pourra ainsi être transportée à part et se mettre en place qu'au moment du lancement, ce qui donne beaucoup de commodité et évite tout emmêlement de ces différentes ficelles.

Une queue peut être formée de plusieurs tronçons que l'on ajoute les uns aux autres par des estropes et des cabillots, suivant que le vent est plus ou moins fort et qu'il est nécessaire d'alourdir l'ensemble. Dans un modèle de cerf-volant américain en forme d'hexagone irrégulier (plus haut que large), de 0 m. 80 de haut, construit par M. Pottier, le premier tronçon, pesant 95 grammes mesure 6 mètres de long ; il suffit pour les brises faibles. Les trois autres tronçons ont chacun 1 mètre, si bien que la queue mesure au total 9 mètres. Les deux premiers tronçons (7 mètres) pèsent ensemble 115 grammes et suffisent pour un vent moyen ; trois tronçons pèsent 137 grammes, enfin, la queue entière pèse 165 grammes et s'emploie en cas de vent fort et soutenu.

Les tortillons sont, non en papier, mais en calicot pesant 100 grammes au mètre carré. Leur largeur va en décroissant de mètre en mètre, depuis 0 m. 20 au commencement jusqu'à 0 m. 05 à la fin, en diminuant à chaque fois de deux centimètres. Il y a 9 tortillons par mètre de queue, soit 81 pour l'ensemble de celle-ci.

Chaque morceau d'étoffe est refendu en languettes de 2 centimètres de large jusqu'à 2 centimètres du milieu, sauf pour les derniers tortillons qui sont refendus jusqu'à 1 centimètre de l'axe. Tous ces morceaux sont ensuite solidement attachés par leur milieu à la ficelle par des boucles et la queue est terminée. Cette disposition est avantageuse parce qu'elle ne s'emmêle pas comme il arrive fréquemment avec les queues en tortillons de papier, aussi est-elle très recommandable pour tous les modèles de cerfs-volants exigeant la présence de cet organe supplémentaire.

Dévidoirs et treuils

Les pelotes de ficelles de chanvre devant maintenir l'appareil aérien en station dans les airs ne doivent pas être réunies à la suite les unes des autres par des nœuds,

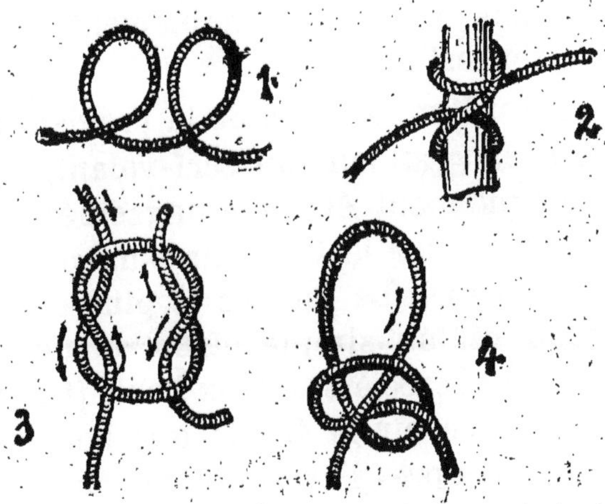

Fig. 14. — Différents nœuds employés dans la construction des cerfs-volants. Nœuds d'artificier double clef, etc.

qui auraient pour effet d'empêcher les *postillons* ou *courriers* d'arriver jusqu'à l'extrémité de leur course. On exécute une torsade en enroulant chaque bout de ficelle à réunir autour de l'autre, sur une longueur de 7 à 8 centimètres, puis on recouvre cette torsade d'une ganse en fil de coton solide qui est nouée à son commencement et à sa fin par les nœuds dits d'*artificier*. De cette façon, la ligne ne présente qu'un renflement insignifiant à l'endroit de la ligature et, si la torsade a été convenablement exécutée, la liaison est solide.

Suivant l'importance de la provision de ficelle et la grandeur du cerf-volant, la ligne de retenue peut être emmagasinée sur un dévidoir ou sur le tambour d'un treuil plus ou moins fort. Le modèle le plus simple de dévidoir est un simple bâton ou une planchette échancrée à ses deux bouts (fig. 15), de façon à recevoir la ficelle que l'on enroule tout autour après l'avoir solidement attachée à ce bâton ou à cette planche par un nœud coulant bien serré. Cet agencement est suffisant pour des appareils mesurant moins d'un mètre de hauteur, et lorsqu'on ne dispose que de quelques centaines de mètres de fil de ligne. Mais si le cerf-volant est plus grand et exige une ficelle plus grosse, il faut employer un dévidoir un peu moins rudimentaire et le modèle décrit par M. Lecornu est très avantageux dans ce cas. Voici quelles sont ses dispositions :

On prend deux planchettes bien dressées de 0 m. 35 de longueur environ, dont on arrondit les angles, et deux morceaux de bois cylindriques, mesurant 15 centimètres de

Fig. 15. — Planchette à encoches.

Fig. 16. — Dévidoir à poignées.

long, et que l'on peut tailler dans un vieux manche à balai. On perce, à l'aide de mèches de vilbrequin, de diamètre convenable, un trou dans chaque planchette, trou qui doit être un peu moins grand que la grosseur des morceaux de manche à balai. Sur le tour ou à défaut, avec un simple couteau, on dégrossit ces morceaux sur la moitié de leur longueur, de façon à leur permettre de pénétrer, en frappant dessus avec un maillet, à travers les trous des planchettes. Cela fait, on dispose ces deux poignées en sens inverse et on assemble le tout en enfonçant de fortes pointes à travers les planchettes, pointes qui doivent traverser celles-ci et entrer profondément suivant l'axe des poignées. On obtient finalement l'objet que représente la fig. 16.

La ficelle s'attache à l'une des poignées et s'enroule de l'une à l'autre dans l'espace séparant les deux planchettes l'une de l'autre. On tient une poignée de chaque main et l'enroulement s'opère beaucoup plus aisément, et surtout plus vite qu'avec une planchette ou un bâton. La ficelle peut être attachée à ce dévidoir par l'intermédiaire d'une estrope et d'un cabillot ; de cette façon il n'est pas nécessaire, lorsqu'elle est entièrement déroulée, de la couper pour envoyer des postillons ; on enlève le cabillot de la boucle pour enfiler sur la ligne l'objet que l'on veut faire monter jusqu'au cerf-volant.

Pour les grands appareils, il faut absolument employer un treuil au lieu d'un dévidoir à main. La provision de ficelle est alors emmagasinée sur le tambour ou sur la bobine du treuil, qui doit comporter un frein à friction très énergique et un encliquetage à rochet ou tout autre système d'arrêt.

Le tambour est un cylindre de bois possédant un axe en fer, reposant à chacune

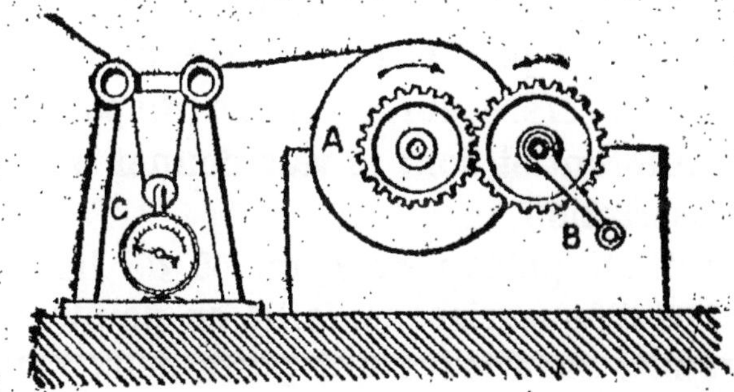

Fig. 17. — Treuil avec dynamomètre de traction. A tambour, B manivelle, C dynamomètre.

de ses extrémités dans un coussinet. Il est muni, sur chacune de ses faces, de *joues* assez hautes retenant la provision de ficelle et son axe reçoit un pignon en fonte engrenant avec une roue dentée de plus fort diamètre, montée sur un arbre indépendant dont une extrémité taillée en carré reçoit une manivelle. Le tout est maintenu dans une solide charpente en bois composée d'une large semelle et de trois montants verticaux réunis à leur partie supérieure par une traverse. Un frein à ruban entoure l'une des joues du treuil et la roue à rochet est montée sur l'arbre de la manivelle.

Ce modèle de treuil est très puissant et peut recevoir une bonne provision de ficelle, cependant il peut être simplifié, et, pour ma part, je préfère employer un dispositif un peu différent et dont je vais donner une brève description.

C'est un poteau de 1 m. 50 de haut sur 0 m. 08 d'équarrissage, taillé en pointe à son extrémité inférieure qui porte deux contre-fiches à 45 degrés, encastrées solidement dans le poteau, qui est percé de deux trous garnis de douilles métalliques, avec joues reliées aux faces de sortie par des vis.

La bobine recevant la ficelle se compose d'un moyeu de 10 centimètres de diamètre et de longueur, et de deux joues de 0 m. 50 de diamètre. Ce moyeu est percé en son centre d'un trou permettant d'enfiler la bobine garnie de ficelle sur un arbre en fer traversant le poteau en passant dans la douille. Cet arbre porte une dent en saillie qui s'engage dans une rainure étroite ménagée dans le moyeu.

Dans l'ouverture supérieure pratiquée à travers le poteau passe un autre arbre en fer servant d'axe à une roue dentée de bicyclette munie de sa manivelle. Toutefois, celle-ci, au lieu de pédale, porte une poignée. Cette roue dentée commande, par une chaîne à rouleaux, un pignon ayant un rapport de 3 à 1, et ce pignon est claveté à l'arbre recevant, de l'autre côté du poteau, la bobine de ficelle.

Ce treuil est complété par une pièce indépendante qui se compose d'un second poteau de 40 centimètres seulement de longueur, dont un bout est appointi et dont la face supérieure porte un solide-piton-anneau vissé, destiné à recevoir le crochet mobile de la chape d'une petite poulie à gorge.

La mise en place de cet appareillage s'opère comme suit : On enfonce dans le sol à coups de maillet le poteau vertical jusqu'à ce que les contrefiches viennent également s'y appuyer, puis on met en place la bobine, qui peut recevoir 2.000 mètres de ficelle. Le second poteau est enfoncé à son tour dans la terre, à 10 mètres du premier, dans le sens où souffle le vent, et garni de sa poulie dans laquelle passe la ficelle venant du treuil.

Le déroulement de la ficelle peut être ralenti par le jeu d'un frein à levier, agencé sur l'arbre de la manivelle, du côté opposé à celle-ci. On peut même l'arrêter complètement, en enfonçant dans un trou pratiqué à la hauteur voulue dans le poteau une tige de fer contre laquelle vient buter la manivelle. Pour ramener le cerf-volant, on tourne cette manivelle à l'aide de la poignée dont elle est munie; le tambour fait trois tours pour un de la manivelle et le retour de l'appareil s'opère rapidement. On n'a pas à craindre de voir le treuil arraché du sol par une traction subite ou par une saute de vent, et ce, grâce à la présence de la poulie qui peut pivoter dans tous les sens et s'incliner dans toutes les directions. L'effort s'exerce toujours dans la même direction, comme dans les ballons captifs publics. Ajoutons que l'arbre manivelle est pourvu d'un rochet de sûreté, avec cliquet à ressort, de manière à éviter tout retour en arrière de la poignée au cas où l'on viendrait à la lâcher involontairement. Ce dispositif fournit les meilleurs résultats au point de vue de la facilité de la manœuvre, du transport et de la mise en place.

Fig. 18. — Liaison en torsade de deux tiges (construction des cerfs-volants).

Tels sont les appareils qui entrent dans la composition de ce que j'appellerai par analogie avec l'aéronautique, un parc de cerfs-volants. Ce matériel paraîtra peut-être un peu compliqué, mais il est cependant nécessaire, lorsqu'on veut entreprendre des expériences sérieuses et suivies avec les cerfs-volants.

CHAPITRE IV

CONSTRUCTION DES CERFS-VOLANTS PLANS

Les cerfs-volants plans, à queue équilibrante, représentent la forme en quelque sorte classique, des appareils aériens captifs. Ils se font de toute grandeur, et affectent l'aspect d'un cœur, ou, mieux, d'une poire; leur couverture est en papier ou en étoffe, et leur carcasse en bois.

Construction des Cerfs-volants en poire

La carcasse ou ossature se compose de deux pièces : une baguette droite, bien homogène, en poirier, châtaignier, bambou, roseau, etc., devant constituer l'épine dorsale, et un arc, de même nature, bien droit, sans nœuds, et aminci à ses extrémités. On cherche le milieu de cet arc, et on le fixe à l'épine dorsale, à quelques centimètres au-dessous, l'une de ses extrémités, au moyen d'une solide ligature en croix faite d'une ficelle cirée que l'on serre fortement.

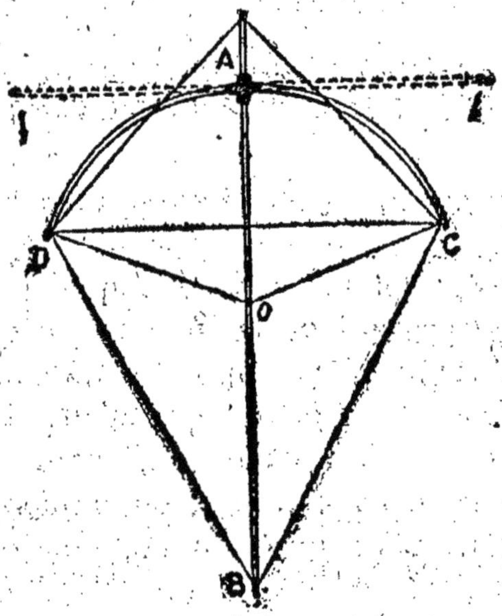

Fig. 19.

On recourbe ensuite l'arc au moyen d'une ficelle partant du sommet A de l'épine dorsale (fig. 19) et venant en C pour se rendre ensuite à l'extrémité inférieure B pour venir se fixer enfin en D. La ficelle va ensuite former la corde de l'arc en C; on la ramène en O vers le milieu de l'épine dorsale, puis en D, et en dernier lieu en A. On vérifie ensuite si tous les brins sont bien égaux deux à deux (A C, C O = O D, C B = B D, etc.), puis, cette vérification opérée, on arrête définitivement la ficelle en mettant un peu de colle-forte chaude sur chaque ligature, ce qui l'empêche de glisser une fois l'appareil terminé. Le rapport de la largeur C D à la longueur de l'épine dorsale A B doit être de 1 à 1, 4 environ, c'est-à-dire que si cette largeur est de 0 m. 50, l'épine dorsale devra mesurer 0 m. 70.

La carcasse ainsi assemblée, on recouvre son contour de papier aussi léger et solide qu'il est possible de s'en procurer. Pour exécuter le travail d'un seul coup, on prépare une feuille de papier plus large et plus longue que la carcasse, et on la pose sur une table, la carcasse appliquée à plat par dessus. Avec un crayon, on trace le contour de la carcasse sur le papier, en laissant 3 à 4 centimètres d'excédent tout autour, puis on découpe le papier avec des ciseaux en suivant le trait indiqué, et en ménageant, sur tout le pourtour de l'arc, des *dents* ou vides, permettant de rabattre le papier par dessus la carcasse sur le papier, en laissant 3 à 4 par le chevauchement des surépaisseurs voisines (fig. 20).

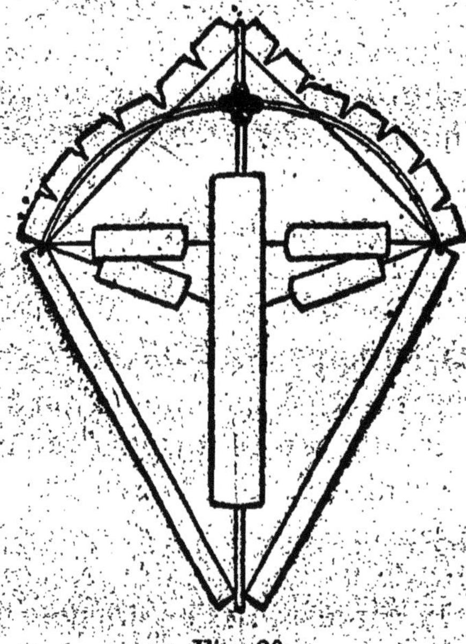

Fig. 20.

On badigeonne de colle de pâte claire tout le pourtour du papier, on le rabat par dessus l'armature de bois, et on opère le collage. Toutes les ficelles sont ensuite dissimulées sous des bandelettes de papier également collées, *à l'envers*.

Pour fixer ensuite la bride d'attache, on perce un trou à travers le papier et le bois de l'épine dorsale, au cinquième de sa hauteur en partant du sommet, puis un second trou de même au tiers de la hauteur en

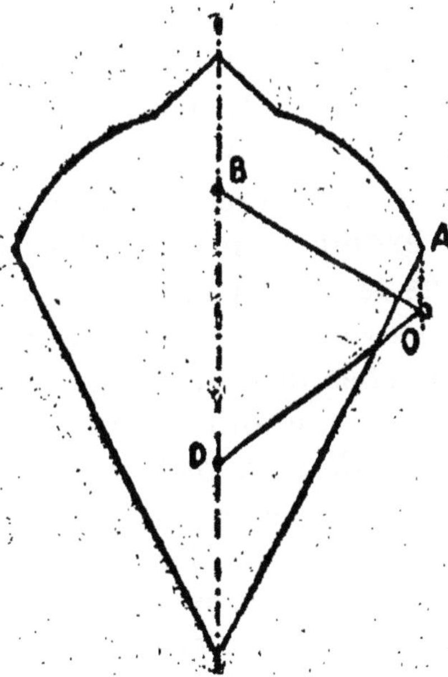

Fig. 21.

partant du pied, en B et en D (fig. 21). Les deux brins composant cette bride sont de longueurs inégales, et leur rapport est tel qu'en rabattant la patte d'oie qu'ils forment par leur réunion, sur le plan du cerf-volant, l'œillet O d'attache de la ligne de retenue, sommet de la patte d'oie, tombe un peu au-dessous de l'extrémité F de l'arc.

Il faut encore vérifier la symétrie des deux parties de la voilure, à droite et à gauche de l'axe. Pour cela, on suspend le cerf-volant horizontalement, en tenant l'œillet de la patte d'oie d'attache entre deux doigts, et il ne doit pencher ni d'un côté ni de l'autre, et la surface doit être absolument plane et exempte du moindre gauchissement. Dans le cas où l'instrument serait un peu plus lourd d'un côté, ce qui tendrait à le faire pencher de ce côté, il faudrait alors dans ce cas, le munir à chaque extrémité de l'arc, *d'oreilles* en papier frisé, de poids inégaux, la plus légère se trouvant du côté où penche le cerf-volant dont l'équilibre doit être parfait, aussi bien quand on le suspend comme il vient d'être dit qu'en l'air.

Lorsqu'on a de l'osier à sa disposition, on donne de préférence au cerf-volant la forme que représente la figure 22. On commence par diviser en dix parties égales la baguette servant d'épine dorsale. Ensuite, avec deux baguettes d'osier réunies par leur partie la plus épaisse à l'aide d'une torsade de ficelle bien serrée, on fabrique

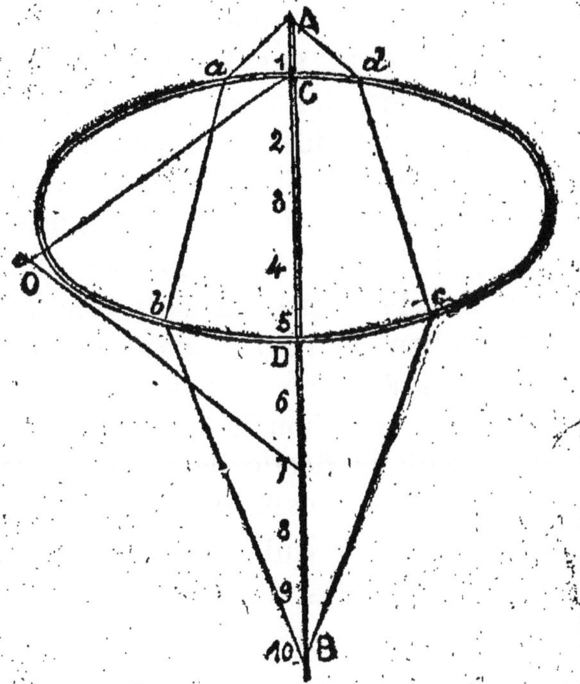

Fig. 22.

un ovale régulier que l'on attache à l'épine dorsale aux divisions 1 et 5. On consolide ensuite cet assemblage à l'aide d'une ficelle qui, partant du sommet A, va s'attacher d'abord en *d*, puis en *c* et au pied, en B. De là, elle remonte pour s'attacher en *b*, en *a* et revenir en A au point de départ.

L'ovale d'osier s'attache sur l'épine dorsale en C et D, sur les divisions 1 et 5. Sa largeur est des 8 dixièmes de la hauteur totale. La bride s'attache aux divisions 1 et 7 de l'épine dorsale, et l'œillet de fixation de la ligne de retenue, extrémité de la patte d'oie doit venir tomber (étant rabattue sur le plan) du cerf-volant, en B sur le milieu de l'ovale, dans le prolongement de la division 3. Cette patte d'oie se termine par une boucle ou estrope, et cette boucle reçoit la ficelle de retenue par l'intermédiaire d'un cabillot.

Ce cerf-volant, qui se fait le plus ordinairement sur des dimensions de 0 m. 40 à 1 m. 80 exige, pour être stable, la présence d'une queue mesurant comme longueur au moins dix fois la hauteur de l'épine dorsale. Il se recouvre de papier mince et résistant que l'on découpe et colle de la même manière qu'il a été indiqué plus haut pour le premier modèle décrit.

Cerfs-volants carrés

Les modèles qui viennent d'être décrits ne présentent qu'un seul axe de symétrie, et il est préférable, pour raison de stabilité de choisir d'autres contours géométriques à plusieurs axes de symétrie, tels que le carré, l'hexagone ou l'octogone. Les appareils construits d'après ces données sont plus faciles à construire et à équilibrer exactement, car il n'entre dans leur ossature, que des baguettes droites qu'il est aisé de calibrer de façon à leur donner le même poids.

Le cerf-volant rectangulaire russe est le plus simple de cette catégorie (fig. 23). La carcasse se compose de six baguettes, dont quatre sont associées par leurs extrémités de manière à former un cadre. Les deux autres baguettes sont disposées en diagonale pour donner plus de rigidité à cet assemblage. Les baguettes sont associées par trois à l'aide de ligatures ou torsades en fil ciré solide, recouvertes d'une couche de colle forte légère. La voilure est faite en papier léger, collé sur les réglettes du cadre de la même manière que dans les cerfs-volants en osier, et des bandelettes recouvrent les traverses diagonales. Le rapport de la largeur à la hauteur est de 0, 75 à 1.

La bride se compose de trois brins : le brin du milieu mesure la demi-hauteur du cerf-volant et s'attache au point de croisement central des deux diagonales ; les deux autres brins ont une longueur égale à la moitié de la longueur de cette diagonale. Ils se réunissent tous les trois en un sommet

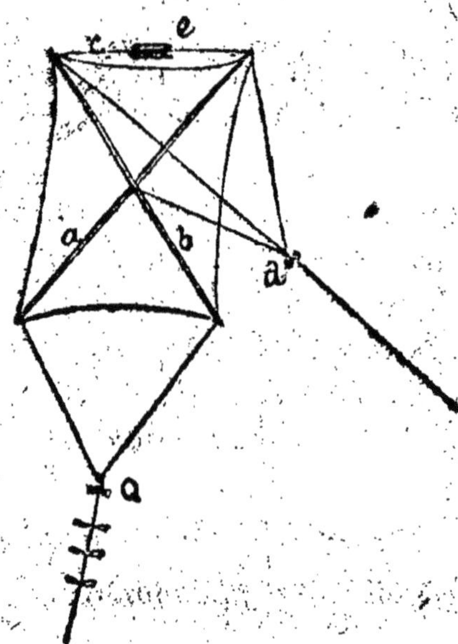

Fig. 23.

commun où se fixe l'estrope. La queue doit être très longue et mesurer 12 à 15 fois la hauteur du cerf-volant. Elle est fixée à une bride ou patte d'oie en V dont les brins sont de la même longueur que les brins supérieurs de l'attache de la ficelle, et composée de tortillons de papier disposés à égale distance les uns des autres, mais de longueur décroissante du commencement à la fin. Cet appareil s'enlève facilement et peut atteindre une assez grande hauteur ; on le munit souvent d'une feuille de papier pliée en deux que l'on fixe sur une ficelle servant à tendre la *tête* du cerf-volant et à cintrer sa surface. Ce morceau de papier vibre sous l'action du vent et produit un bruit sourd, un bourdonnement pouvant s'entendre à une grande distance.

Cerfs-volants hexagonaux

On peut donner deux formes bien différentes à ces modèles, suivant que l'hexagone est régulier et que tous ses côtés ont identiquement la même longueur, ou bien que la figure géométrique compte quatre grands côtés et deux petits, et que l'hexagone est plus haut que large. Les cerfs-volants présentant cette forme se font démontables ou fixes, mais la première méthode est bien plus avantageuse.

Voici des exemples de construction de ce genre d'appareils.

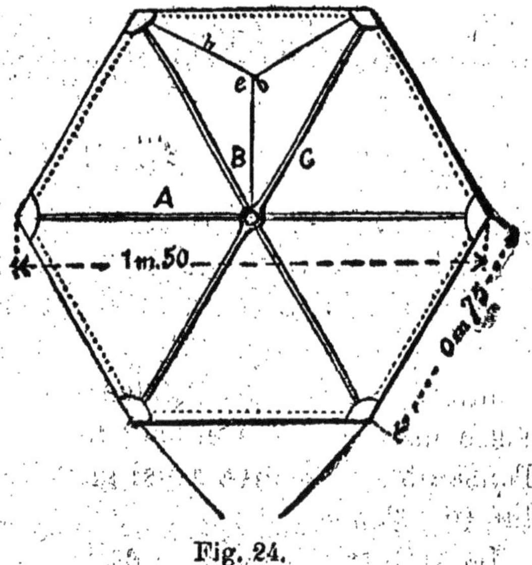

Fig. 24.

Pour le cerf-volant hexagonal régulier (fig. 24), on prend des règles très plates en poirier (règles à dessin), que l'on fend en deux ou en trois suivant leur largeur, de manière à leur donner environ 3 centimètres de large en leur milieu, puis on dresse ces réglettes à la varloppe, de façon à les rendre toutes les trois parfaitement identiques l'une à l'autre.

On mesure la longueur de ces baguettes, et juste en leur milieu on perce au vilbrequin un trou de 3 à 4 millimètres de diamètre à travers lequel on passe la tige cylindrique d'un rivet, après avoir superposé les trois baguettes l'une par dessus l'autre. La tête de ce rivet est ensuite formée au marteau, de manière à réunir les réglettes, tout en leur permettant de glisser les unes sur les autres et de s'écarter plus ou moins, comme les lamelles d'un éventail. On peut aussi, au lieu d'un rivet prendre un boulon goutte de suif à tige filetée sur laquelle on visse un écrou à oreilles ; le démontage de l'ensemble se trouve ainsi grandement facilité (fig. 25).

La voilure est faite en calicot glacé ou en andrinople. On la découpe à la grandeur voulue et on ourle tout le tour, puis on ajoute dans chaque angle un gousset en toile forte ou en peau de chamois. Les extrémités des baguettes s'engagent à l'intérieur de ces goussets indéchirables et maintiennent la voilure tendue. Le démontage de l'appareil est instantané : il suffit de desserrer un peu l'écrou central et faire glisser les baguettes plates l'une sur l'autre, puis on roule l'étoffe autour.

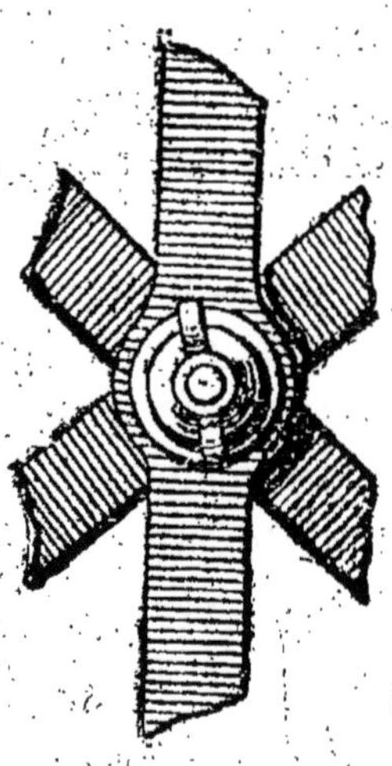

Fig. 25.

La bride se compose de trois brins. Les deux du haut s'attachent aux extrémités des baguettes et ont une longueur égale à celle d'un carré de l'hexagone. Le brin central est un peu plus long et les trois cordelettes se réunissent en une seule terminée par une estrope.

La queue, très longue et très légère, s'attache à l'estrope d'une patte-d'oie dont les deux brins ont pour longueur le côté de l'hexagone. Pour éviter de l'emmêler pendant le transport, on la roule autour d'une planchette ou d'un gros cylindre de carton et on enferme le tout dans un journal ou un petit sac de toile.

Pour de très grands appareils dépassant 2 mètres de hauteur, cette disposition manquerait un peu de solidité, aussi est-il préférable d'employer une carcasse formée de six baguettes agencées deux par deux parallèlement. Le bois peut être du frêne ou du bambou, et, dans ce dernier cas, on prend douze tiges, de la moitié de la longueur que doit avoir une baguette. On scie en biseau allongée la partie la plus grosse de ces tiges, et on relie deux tiges dans le prolongement l'une de l'autre par une ganse en fouet ciré très serrée, que l'on enduit ensuite de colle forte. On peut ainsi obtenir des baguettes de 3 à 4 mètres de long, de grosseur uniforme depuis le milieu jusqu'aux extrémités fig. 26).

La voilure est faite en forte toile ourlée sur les six côtés; une cordelette solide est passée à l'intérieur de cet ourlet et des boucles de ficelle lui sont attachées et sortent à chaque angle, pour tendre cette voilure, chacune des extrémités des baguettes est munie d'une agrafe solidement fixée au bois ; c'est dans

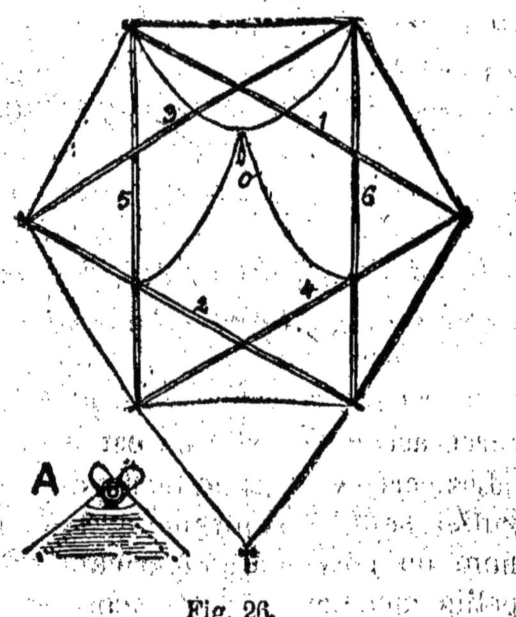

Fig. 26.

ces agrafes que les boucles viennent s'attacher. Pour donner à cet ensemble une absolue rigidité, tous les points de croisement des baguettes sont réunis l'un à l'autre par une ligature en fouet ciré. La bride est disposée, de même que dans tous les autres modèles du même genre, du côté de la voilure opposé à la membrure de bois. Elle comporte quatre brins ; les deux du haut de longueur égale à celle d'un carré de l'hexagone et attachés au sommet des baguettes, les deux du bas, de longueur égale à la distance de ce sommet au point d'entrecroisement O, et s'attachant en O et O'. Ces quatre brins se réunissent ensemble et forme une estrope dans laquelle pénètre le cabillot de la ligne de retenue. La densité d'un appareil de ce genre est inférieure à 1 pour un modèle de 3 à 4 mètres carrés de surface, c'est-à-dire qu'il est inférieur à 3 ou 4 kilogrammes. La force ascensionnelle en est très grande.

Les cerfs-volants en forme d'hexagone irrégulier sont ordinairement désignés sous le nom de polygonal américain (fig. 25). Les petits modèles se font recouverts de papier mince et résistant, renforcé dans chaque angle, ainsi qu'au centre, par des renforts en toile collés à la surface du papier. Un trou est percé à l'extrémité de chacune des baguettes et sert à passer une ficelle qui permet de tendre fortement la carcasse avant le collage du papier. Les trois baguettes sont liées ensemble par une ligature à leur point de

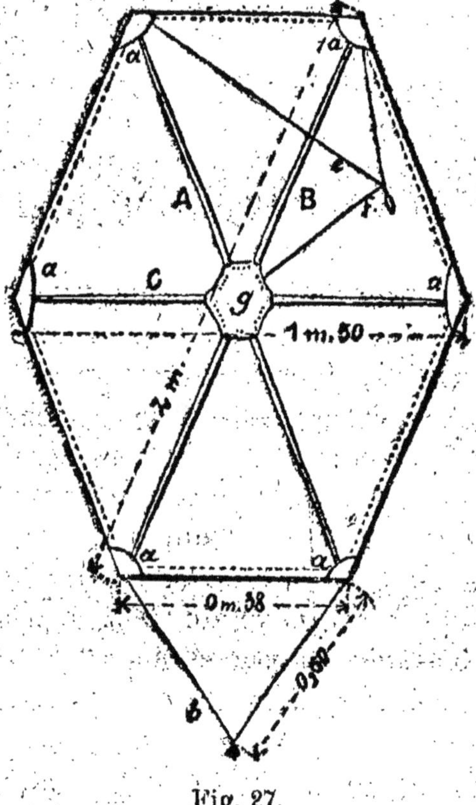

Fig. 27.

croisement, puis le tout est recouvert d'un renfort de toile à la colle forte. L'attache est formée de trois brins de fouet; ces brins sont tous de la même longueur, c'est-à-dire de la moitié de celle d'une grande baguette. La queue est attachée, comme dans tous les cerfs-volants du même genre à une patte d'oie fixée aux extrémités des deux baguettes inférieures (fig. 27).

Ce modèle n'est pas démontable, mais une disposition analogue à celle qui a été décrite pour les types hexagonaux réguliers, permet de l'y rendre. On se reportera pour le détail de ce genre de construction aux pages consacrées un peu plus haut à ces types. De toute façon, la forme la plus simple et qui donne les meilleurs résultats pour le lancement et le planement est celle dans laquelle le rapport de la largeur à la hauteur du triangle de base est de 3 à 4, c'est-à-dire que, pour une hauteur totale de 1 m. 60 de la base au sommet du cerf-volant, la largeur d'un petit côté sera de 0 m. 60. La surface totale est composée de six triangles égaux ayant leurs sommets, deux au centre et quatre aux angles opposés de la figure. La densité de ce genre de cerf-volant peut être abaissée à 0,5 ou 0,6 en faisant usage de matériaux légers pour la construction, mais si l'on veut s'en servir par des vents un peu forts, il faut une carcasse solide en frêne, sur laquelle on tend une voilure en calicot, andrinople ou pongée et le poids peut être porté sans inconvénient à 1.200 grammes par mètre carré de surface.

Cerfs-volants octogonaux

On peut encore donner aux cerfs-volants plans la forme d'un octogone régulier. Si l'appareil que l'on veut établir doit avoir une certaine dimension, l'ossature doit en être fabriquée avec des bambous ou en frêne se croisant deux par deux. C'est dire que cette carcasse se compose de quatre morceaux disposés perpendiculairement les uns par rapport aux autres. Les entrecroisements sont consolidée par de solides ligatures enduites de colle forte. La voilure, en étoffe, est pourvue de goussets en toile ou en peau dans lesquels on engage les extrémités des baguettes ; elle affecte ainsi le contour d'un octogone régulier (8 côtés égaux).

On donne aux deux brins supérieurs de la bride la longueur d'un côté de l'octogone et aux deux brins inférieurs une longueur égale à la distance du sommet d'une baguette à l'entrecroisement du bas. Les quatre brins sont réunis pour former la boucle de l'estrope. La queue s'attache par l'intermé-

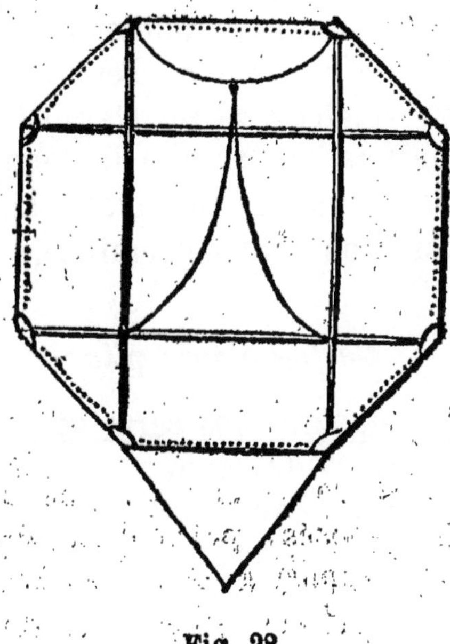

Fig. 28.

diaire d'une patte d'oie en V aux extrémités des deux baguettes verticales.

Lorsqu'il s'agit d'un petit modèle, on peut employer, au lieu de bois pour la membrure, des baleines de parapluie en acier, soudées deux à deux dans le prolongement l'une de l'autre, par leur partie la plus large. La voilure, en tissu léger, mousseline imperméable ou pongée de soie, est ourlée tout autour et munie de huit petits goussets où s'engagent les extrémités arrondies des pointes des baleines. Ce modèle de cerf-volant est un très bon volateur, et sa stabilité dans l'air est remarquable, lorsque la longueur et le poids de la queue sont bien calculés pour une vitesse de vent déterminée.

Cerfs-volants pliants

Au lieu de faire les cerfs-volants démontables, leur étoffe étant roulée sur les baguettes de la carcasse, on peut les faire pliants, et M. Lecornu en donne un exemple original dans son ouvrage. Il s'agit de l'utilisation de la monture d'un vieux parapluie. Sur une épine dorsale peut coulisser un petit tube cylindrique sur lesquelles sont fixées les extrémités de deux tiges d'acier, articulées d'autre part sur deux baleines de parapluie. C'est donc bien une monture de parapluie dont on a supprimé les tiges d'écartement sauf deux. Un petit ressort d'arrêt maintient le cylindre en place lorsque le cerf-volant est ouvert. Une étoffe de calicot léger ou de soie est tendue sur cette carcasse, qui s'ouvre et se ferme exactement

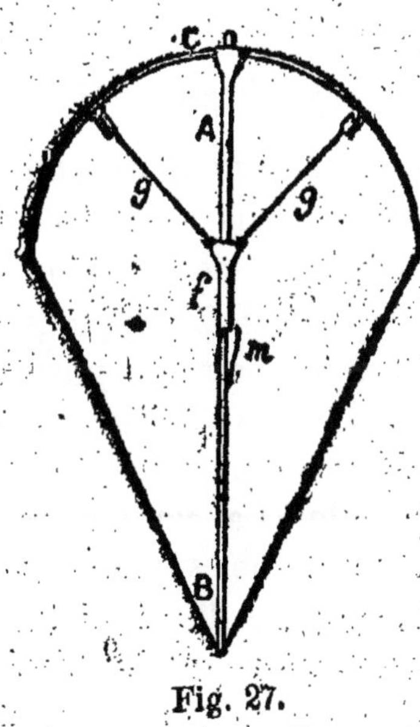

Fig. 27.

comme un parapluie. Les brides se posent de la même façon que dans le cerf-volant en poire qui a été décrit en premier lieu dans ce chapitre (fig. 29).

La queue doit être environ dix fois plus

longue que l'épine dorsale. Pour donner plus de rigidité à l'appareil sans l'alourdir outre mesure, il faut choisir pour la carcasse du roseau ou du jonc de préférence à des matériaux plus denses et plus pesants.

Cerfs-volants dièdres

On donne ce nom à des modèles constitués par deux plans se rencontrant suivant un certain angle, lequel forme l'arête médiane de l'appareil. Le type le plus simple se compose d'un bambou portant deux vergues flexibles fixées en leur milieu aux deux extrémités de ce bambou faisant fonction d'épine dorsale. La voilure, en papier de gambie, est tendue sur cette carcasse. La bride est une patte d'oie dont les brins sont attachés, l'un à gauche, l'autre à droite, de l'épine dorsale sur la vergue horizontale du haut. Une cordelette de retenue relie d'autre part l'extrémité inférieure du bambou à la ficelle de traction ; sa longueur est calculée de telle façon que le cerf-volant se présente sous l'obliquité la plus favorable à l'action de la brise.

En même temps, les vergues et la voilure

se cintrent en arrière en se creusant, et les plans latéraux deviennent alors des surfaces gauches. La stabilité obtenue par ce gauchissement et la disposition dièdre des deux plans est très grande, bien que ce système remarquablement simple, ne comporte pas de queue d'équilibre (fig. 30).

Fig. 30 et 31. — Cerfs-volants dièdres.

Dans une variante, les deux vergues horizontales sont réunies à leurs extrémités, et une ficelle tendue entre ces deux pointes donne l'incurvation voulue aux deux faces latérales du dièdre. La voilure est également en papier gambie (fig. 31).

M. Esterlin, professeur de sciences a eu

l'idée de transformer le cerf-volant classique de forme triangulaire en un cerf-volant dièdre et qui, par conséquent, peut s'équilibrer dans l'air sans avoir besoin de queue.

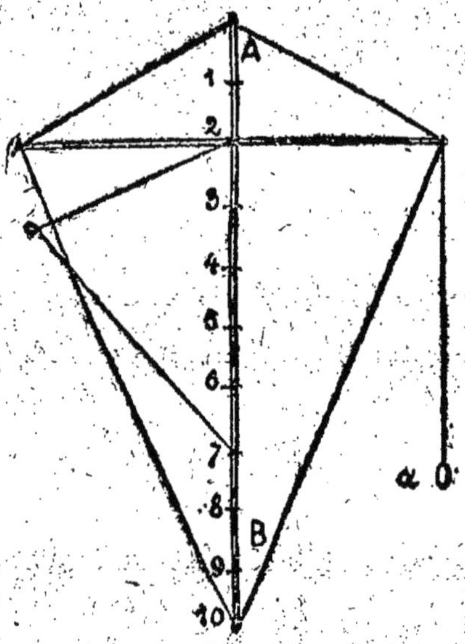

Fig. 32.

Dans cette disposition, l'épine dorsale (AB fig. 32) en roseau est divisée en dix parties égales sur sa longueur, et la vergue, en osier, a les 7/10e de la longueur de l'épine et doit être fixée sur celle-ci à la hauteur de la deuxième division. Une ficelle solide, attachée aux quatre extrémités de cette espèce de croix, permet de consolider et de raidir l'assemblage, opéré par une ligature de ficelle à l'endroit du croisement. La voilure est en papier, que l'on colle de la même façon que les appareils en forme de poire. La bride se fixe aux divisions 2 et 7 de l'épine, et l'extrémité de l'estrope, la brise étant rabattue vient un peu au-dessous de celle de la vergue.

Cette dernière porte une ficelle un peu plus courte qu'elle et qui sert à la cintrer, de manière à donner une forme convexe à la face du cerf-volant regardant le sol. Ainsi cintré, le cerf-volant fonctionne de la même façon qu'un dièdre, ce qui rend inutile la présence d'une queue, et il vole parfaitement en l'absence de cet encombrant appendice.

Cerfs-volants à poches trouées

On peut reprocher aux dièdres le mouvement presque continuel d'oscillation dont ils sont agités par suite des remous de l'air glissant le long des deux plans latéraux.

Pour supprimer ces oscillations, on comprend qu'il suffit de donner à ces molécules d'air un moyen de s'échapper facilement après avoir produit leur effet sur la voilure. On y parvient en pratiquant un orifice convenablement calculé à la surface de chacun de ces plans.

Fig. 33.

Le modèle le plus simple rentrant dans cette catégorie, est le cerf-volant coréen, de forme rectangulaire (fig. 33), constitué par un cadre en bambou fendu, de 0 m. 80 de long sur 0 m. 70 de large, et d'nue voilure tendue sur ce cadre et percée en son milieu d'un trou de 0 m. 30 de diamètre. La bride est formée de quatre brins d'égale longueur se réunissant en un point nodal où s'attache la ficelle de retenue, qui est en pur cordonnet de soie d'une très grande résistance. Ce type de cerf-volant à poche unique trouée est toutefois moins usité que la *mouche japonaise*.

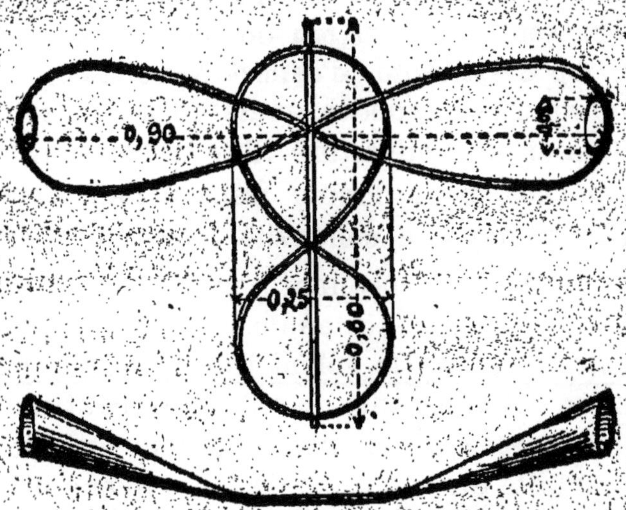

Fig. 34 et 35. — Mouche japonaise et plan des ailes.

qui fonctionne à la fois comme un dièdre et comme un cerf-volant a poches trouées (fig. 34 et 35).

Pour reproduire ce genre d'appareil volant, on prend, pour la carcasse, des brins de bambou fendu et passés à la filière, afin de leur donner une grosseur uniforme sur toute leur longueur, puis on courbe ces brins en forme de 8, ainsi que l'indique la fig. 00. Les poches sont également formées par ces baguettes qui les entourent complètement. Le papier servant de voilure, peint de façon à représenter un dragon ou tout autre animal apocalyptique d'aspect terrifiant, est collé sur ces baguettes, mais en ayant soin de laisser une ouverture libre à l'extrémité des poches, pour donner issue à l'air s'engouffrant dans la concavité de ces poches.

Ce genre de cerf-volant peut se construire de toute dimension, depuis 0 m. 25 jusqu'à 1 mètre et plus. Ils volent très haut lorsque la brise est suffisante, car ils possèdent une grande force ascensionnelle, et leur stabilité est parfaite en l'absence de toute queue d'équilibre, simplement par suite de la flexibilité de leurs ailes. Celles-ci, en effet, s'inclinent d'autant plus en arrière que le vent est plus fort. Il en résulte que le réglage est, en quelque sorte automatique, la surface offerte à l'action du vent variant avec l'intensité de celui-ci. Notre dessin représentant la forme à donner à la carcasse permettra aux amateurs de construire sans difficultés un spécimen de 0 m. 80 de haut. Choisir surtout du papier très léger et résistant pour la voilure et, à défaut de gambie, prendre du pongée, que l'on coud à petits points tout autour des brins de la carcasse. La bride d'attache est à deux brins qui s'attachent sur le bambou faisant fonction d'épine dorsale, à 5 centimètres de la tête et à 0 m. 25 du pied. Leur longueur est d'environ 50 centimètres; la ficelle de retenue doit être fine et légère.

Il faut encore ranger dans la catégorie des cerfs-volants s'équilibrant à l'aide de poches latérales trouées le modèle Biot, qui, outre ces poches, possède un organe remplaçant la queue d'équilibre qu'il remplace par une sorte d'effet gyroscopique. C'est une hélice dont les deux ailes ont la même grandeur que le plan sustenteur, et qui est montée sur un axe fixe un peu au-dessous de celui-ci. Ces ailes sont très inclinées sur leur plan, de façon à faire frein sans entraver la montée, par suite du mouvement de rotation rapide qeu le vent lui communique. En même temps, elle présente toujours un plan de résistance en rapport avec l'angle formé par ce plan, ce qui contribue à maintenir le cerf-volant bien vertical. Les cônes latéraux équilibrent la pression en formant opposition du balancement. La fig. 36 donne les cotes des différentes dimensions de ce modèle qui a montré une parfaite stabilité avec des vents de 6 à 15 mètres de vitesse, et il

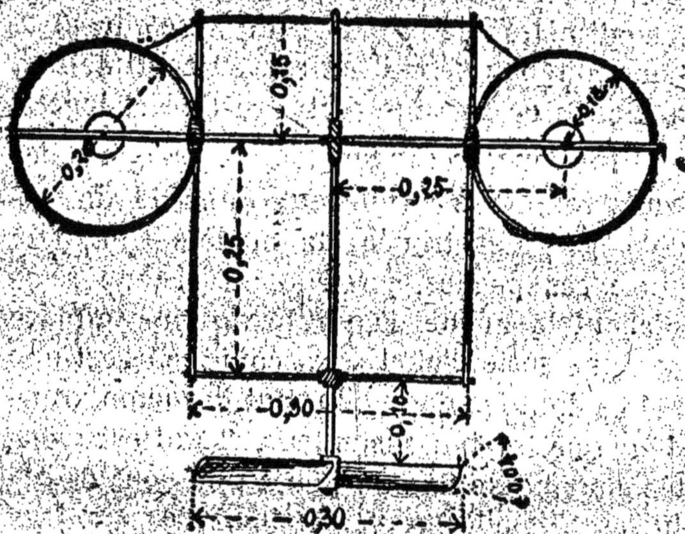

Fig. 36. — Cerf-volant Biot.

a pu atteindre des altitudes de 2.000 et même 2.500 mètres.

Le cerf-volant de M. Racke, ingénieur à Gand, rentre encore dans cette série d'appareils dépourvus de toute appendice accessoire d'équilibre, seulement les poches trouées sont disposées tout différemment que dans les précédents.

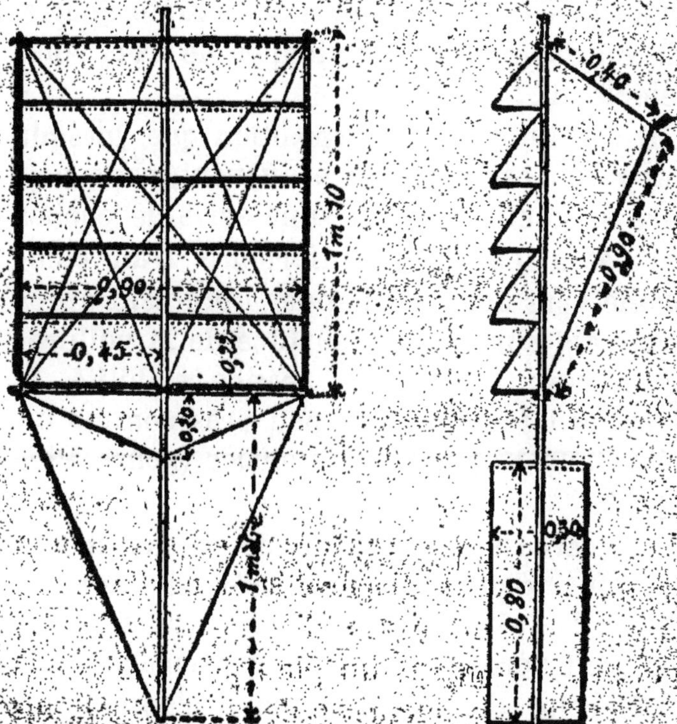

Fig. 37. — Cerf-volant Racke. Fig. 38. — Vue de côté.

Dans ce modèle, de même que dans le précédent, le plan sustenteur est un cadre rectangulaire, plus haut que large, et dont la surface est formée par une série de bandes d'étoffe horizontales, tendues sur ce cadre et sur des traverses qui en réunissent les côtés. Le plan, vu de face, paraît être d'une seule pièce ; en réalité, il en compte quatre, six ou davantage, maintenues de trois côtés seulement.

Il résulte de cette disposition que, lorsque l'appareil est placé face au vent, cette voilure se gonfle et forme une série de poches trouées à leur partie inférieure. L'air comprimé peut donc s'échapper librement après avoir agi sur toute la surface de la voilure; il en résulte une très grande stabilité, et l'appareil fonctionne à peu près comme un aéroplane à lames de jalousies (genre Philips).

La carcasse est renforcée et maintenue par un montant disposé suivant l'axe du cadre et faisant office d'épine dorsale. Ce montant porte, dans un plan perpendiculaire à celui des surfaces de sustention, un gouvernail directeur ou quille d'orientation, qui, se trouvant placé dans le lit du vent, agit comme un plan directeur et contribue à assurer la stabilité.

La bride se fixe sur l'épine dorsale médiane à son point de jonction avec les traverses supérieure et inférieure du cadre. On peut aussi la faire à quatre brins attachés à chacun des angles du cadre. L'estrope doit se trouver dans l'axe du cadre et à la hauteur de la première traverse du haut.

Ce système original est rationnellement conçu et met à profit les moyens les plus efficaces d'équilibrage automatique des planeurs aériens ; il fonctionne donc à merveille et sa remarquable stabilité dans l'air résulte de l'emploi simultané qui s'y trouve fait des poches trouées et des plans directeurs.

CHAPITRE V

CONSTRUCTION DES CERFS-VOLANTS COMPOSÉS

Les cerfs-volants multiples

La ficelle de retenue d'un cerf-volant ne pouvant faire qu'un angle déterminé, avec l'horizontale, angle déterminé par la vitesse du vent, l'inclinaison du plan sustenteur et le poids de la ficelle de retenue. Il résulte de ce fait qu'il devient inutile de dérouler de la ligne dès que le cerf-volant ne monte plus. Il s'éloignera, mais sans pouvoir s'élever davantage, sa force ascensionnelle étant délimitée par les divers facteurs énumérés plus haut. Si l'on veut cependant atteindre une altitude supérieure, il est un moyen qui consiste à attacher à la ficelle du cerf-volant en station la ficelle d'un deuxième appareil qui vient ajouter alors sa propre force ascensionnelle à celle du précédent, ce qui redresse l'angle décrit par la ligne de retenue avec l'horizon.

C'est en montant ainsi trois, quatre et même davantage de cerfs-volants en *tandem*

Fig. 39.

sur un câble unique que l'on parvient à atteindre des altitudes de cinq et même six mille mètres pour les études météorologiques. Cet assemblage constitue un *cerf-volant multiple*, mais au lieu de fixer chaque élément sustenteur à une centaine de mètres l'un de l'autre ou davantage, on peut encore les réunir à une très petite distance, et on obtient alors un ensemble de trois, quatre plans sustenteurs à liaison souple, comme le montre la fig. 37. Ce système a été préconisé notamment par M. le capitaine Baden-Powel en Angleterre. Il fournit des résultats avantageux, mais loin d'atteindre ceux que procurent les véritables *cerfs-volants composés,* à plans directeurs et plans sustenteurs associés, de manière à constituer un ensemble rigide et indéformable. C'est à l'étude de cette catégorie d'appareils que le présent chapitre sera consacré.

Cerfs-volants Hargrave

C'est en 1893 que les premiers types de cerfs-volants composés, qui venaient d'être imaginés par M. le professeur Hargrave de Sydney, firent leur apparition et se présentèrent sous la forme un peu rudimentaire de boîtes rectangulaires ou cylindriques, recouvertes de papier ou d'étoffe, ouvertes des deux bouts et réunies par deux aux extrémités de deux tiges de bois. Présenté au Congrès des Sciences de Chicago la même année, on n'accorda pas grande attention à ce système complètement différent des précédents, et l'on crut que le principe lui servant de base n'avait aucune valeur, car on

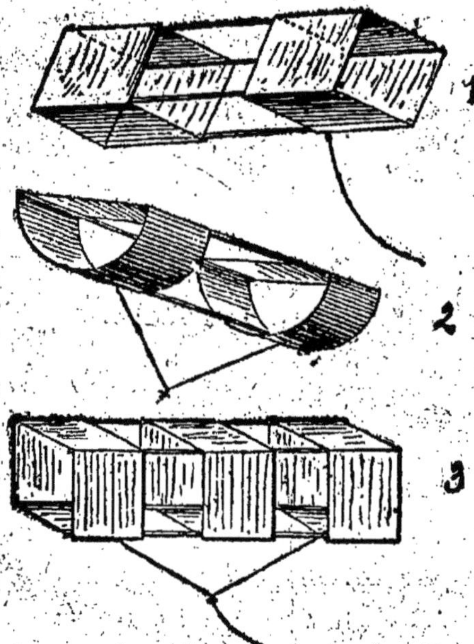

Fig. 40. — Cerfs-volants Hargrave, formes diverses.

ne pouvait croire que les appareils pussent s'enlever, vu leur grand poids par rapport à peu de surface développée utile.

Quelques essais furent exécutés, à peu de temps de là, par M. Eddy, mais tout d'abord ils ne réussirent pas, l'agencement des deux parties de l'appareil étant défectueux. Ces études furent reprises en 1895, et cette fois l'instrument qui présentait l'aspect de deux boîtes cylindriques disposées dans le prolongement l'une de l'autre, avec un écartement un peu plus grand que la longueur de chaque cellule cylindrique, réussit parfaitement, et M. Eddy conclut de ses expérieuces que ces nouveaux cerfs-volants pouvaient fournir une force ascensionnelle quatre fois plus grande qu'un cerf-volant ordinaire, de même diamètre, en raison de sa double surface et de sa forme plus ramassée.

La densité des cerfs-volants type Hargrave est de 0,6 à 0,8 ; c'est-à-dire que leur poids est de 600 à 800 grammes par mètre carré de surface. Ils sont donc un peu lourds et conviennent surtout pour les jours où le vent est assez fort, mais ils présentent alors de remarquables qualités comme planeurs.

Voici la description qu'a donnée M. Hargraves de son système dans un mémoire datant de l'année 1895. Elle est suffisamment complète pour que l'on puisse, en suivant ces indications, construire un specimen de ce genre.

La monture ou carcasse se compose de deux montants verticaux en bois, mesurant trois fois la longueur de la cellule et for-

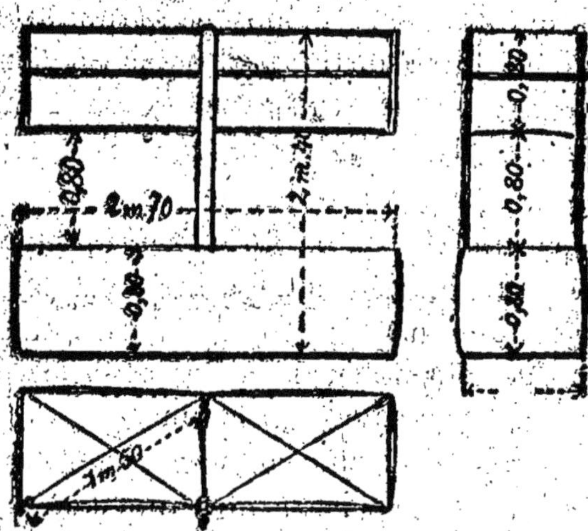

Fig. 41. — Premier modèle d'Hargrave.
42. Vue de côté. — 43. Plan.

ment épines dorsales. Les tirants les delient au centre de chaque cellule, disposition qui donne plus de rigidité à l'ensemble, sans accroître sensiblement le poids mort, et qui permet, en outre, de replier le cerf-volant de manière à n'en plus faire qu'un rouleau de faible diamètre, ce qui est très commode pour le transport. De petites traverses placées dans l'angle de chaque cellule et servent de support à la voilure. Elles sont maintenues en place, avec une faible poussée vers l'extérieur par deux croisillons s'appuyant d'une part sur ces traverses et d'autre part sur les montants en haut et en bas. Enfin des barrettes en bois courbé assemblées à la colle forte, produisent la courbure des surfaces.

La ficelle de retenue se fixe aux estropes inférieures, et si on lance plusieurs appareils à la suite l'un de l'autre en tandems, on relie le premier au suivant par les estropes supérieures et ces attaches exercent leur traction sur le tirant interne de la cellule. Les croisillons ont une section plano-convexe et non circulaire. Le poids s'en trouve légèrement augmenté, mais l'avant présente une moindre résistance et l'effort de soulèvement résultant de la présence de la face plane inférieure de ces croisillons.

Les extrémités intérieures de toutes les traverses présentent une section rectangulaire et sont coupées à angle droit. Elles s'adaptent dans des encoches pratiquées sur les montants formant épines dorsales. Il n'entre dans la construction de ce modèle aucune virole ou butée métallique ni aucun clou ou joint. La puissance de sustention est évaluée par M. Hargrave, correspondant à la limite de résistance, à 14 kil. 66 environ par mètre carré, et il estime qu'un vent de 13 m. 80 par seconde (50 kilomètres à l'heure), ne pourrait faire plonger le cerf-volant ou le briser.

Cellulaires modernes

Le modèle qui vient d'être décrit n'est plus utilisé maintenant, car les procédés de construction qu'il emploie exigent trop de précautions minutieuses. Il a été rapidement modifié et perfectionné, et les types de cellulaires actuels usités pour les observations météorologiques, à Trappes et à Blue-Hill entre autres, sont beaucoup plus simples, tout en étant plus légers et plus rigides. Celui combiné par M. Teisserenc de Bort est établi comme suit :

Pour construire ce cellulaire, on commence par fabriquer quatre châssis rectangulaires mesurant 1 m. 27 de longueur et 475 millimètres de largeur intérieurement. Les tiges employées ont une section analogue à celles des fers dits *à double T* employés en construction. Ces tiges, placées sur champ et emboitées aux angles des châssis, sont consolidées à l'aide de petites équerres en fer blanc et des torsades en gros fil ciré. Les fig. 00 et 00 représentent d'abord la feuille de fer blanc découpée, puis repliée et mise en place pour maintenir deux pièces à angle droit. Les torsades en fil sont encollées.

Les tiges, une fois mises en place, leurs bouts ainsi maintenus par des équerres de fer blanc et des torsades, on tend alors en diagonale, dans tous les compartiments des châssis, des fils d'acier d'un demi-millimètre de diamètre. Comme il est essentiel, dans cette opération, de ne pas déformer l'assemblage, il est bon de fixer les châssis dans un gabarit formé de bouts de lattes clouées sur une table. On attache les quatre châssis sur les tiges et on intercale entre eux les pièces d'écartement que l'on maintient en place par une pointe à chaque bout.

Si l'on a pris ses mesures exactement, et

si les ligatures des angles des châssis sont plates et minces, on obtient déjà une forme symétrique mais encore assez facilement déformable. Pour donner exactement la for-

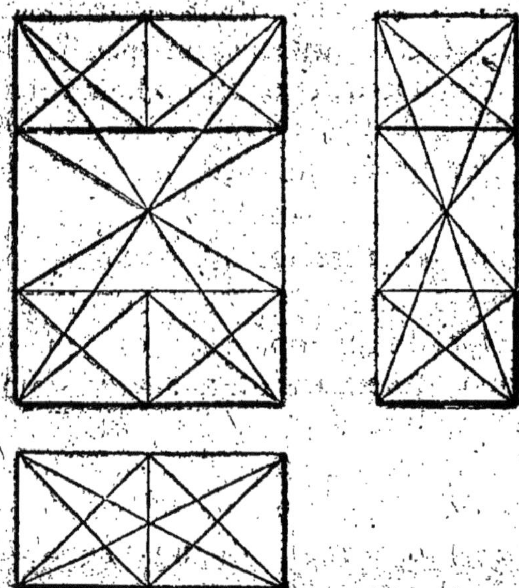

Fig. 44. — Agencement des fils tendeurs dans un Hargrave.

me d'un parallélipipède rectangle d'une grande rigidité, on tend d'abord les fils d'acier en diagonale dans chacun des trois rectangles latéraux, et l'on termine par quatre fils reliant deux à deux les huits sommets du solide et se croisant au centre.

Il faut absolument faire usage de fil d'acier pour ces tendeurs; le fil de fer s'allonge et se relâche suivant la température, ce qui cause la déformation de l'appareil, enfin il casse souvent si on force un peu la tension normal. Pour fixer le fil d'acier, on fore dans le bois des trous très fins; on y fait passer le bout du fil, on le ramène et on le tord autour du grand bout, où une soudure l'empêche de glisser.

Il faut employer pour cela une soudure riche en étain et la résine.

La charpente du cellulaire une fois terminée, on l'entoure de deux bandes d'étoffe mince que l'on coud, la première sur les deux châssis supérieurs, la seconde sur les deux châssis inférieurs. Le nansouk et la mousseline sont très convenables.

Les coutures terminées, on peut rendre le tissu imperméable à l'air et à l'eau en le recouvrant d'une couche de vernis, formé d'une dissolution de résine en poudre dans l'essence de térébenthine tiède, dissolution à laquelle on peut ajouter un peu d'huile de lin bouillie. On peut aussi se servir de paraffine pulvérisée que l'on étend à l'aide d'un fer à repasser modérément chauffé.

Les brides d'attache se fixent aux tiges en X d'avant, immédiatement sous la cellule supérieure. On donne à chacun de ses deux brins une longueur de 1 m. 10. Les tiges sont renforcées en cet endroit par des pièces qui doublent leur épaisseur sur une longueur de 45 centimètres, et que l'on fixe avec de la colle et du fil.

Un cerf-volant ainsi construit pèse environ 2 kilogs avec une surface de 2 mètres carrés 57. La densité (poids par mètre carré), est donc de 0,75.

Les cellulaires Hargrave établis d'après ces principes présentent une très grande stabilité grâce à la présence de leurs faces latérales. Ils se tiennent presque immobiles dans l'air montant seulement ou descendant suivant que le courant aérien qui les soutient voit sa vitesse s'accroître ou diminuer, ou se portant sur la droite ou sur la gauche lorsque la direction du vent vient à changer, effet qui est dû entièrement aux faces latérales.

M. Hargrave a encore apporté une amélioration à son système, et qui consiste à courber l'avant des surfaces portantes. On y parvient en utilisant pour ces pièces des bois courbés à la chaleur ou de minces feuilles de placage cintrées et collées. La courbure ainsi obtenue donne naissance à des tourbillons qui fournissent une composante de bas en haut. Les cerfs-volants employés à l'observatoire de Blue Hill présentaient cette modification, aussi leur hauteur angulaire moyenne a-t-elle atteint 62° et même 65°, alors qu'avec n'importe quel autre système de planeur, l'angle de la ficelle de retenue avec l'horizontale n'avait pu dépasser 55 degrés, même avec plusieurs éléments en tandem.

On a essayé de perfectionner le système Hargrave en ajoutant une troisième surface portante entre les deux cellules primitives, mais cette adjonction a diminué la stabilité. Il n'est pas indispensable d'ailleurs qu'il y ait deux cellules. M. Hargrave a établi un modèle unicellulaire de 1 m. 85 sur 0 m. 76, et qui fonctionnait très bien.

Un autre type cellulaire fort simple et ayant une excellente tenue au vent est celui à cellules *en carreau* (*diamond-cell-kite*). Pour le construire, on prépare d'abord le châssis au moyen de quatre lattes larges de 16 millimètres et épaisses de 6. Les plus courtes sont terminées à chaque bout par deux petites pièces amincies aux extrémités ; on les colle et on les entoure d'une ligature au fil gris encollé ; on a ainsi des sortes de fourches qui embrassent les grandes lattes que l'on empêche de glisser par une simple pointe. Deux fils de bronze phosphoreux assurent la rigidité de l'ensemble, et on arrête par un grain de soudure les portions enroulées de ces fils.

Pour monter l'appareil, on commence par coudre sur les lattes verticales du châssis deux bandes de toile longues de 2 m. 05 sur une largeur de 0 m. 33. On fixe ensuite par une couture à mi-distance deux autres lattes ayant exactement les mêmes dimensions que les précédentes; chaque bande se trouve ainsi divisée en quatre parties égales.

On intercale alors les étais, dont la longueur est de 0 m. 97 environ, longueur qui ne peut d'ailleurs être exactement déterminée qu'après que les lattes verticales ont reçu les bandes d'étoffe. Elle doit être telle que ces bandes se trouvent fortement tendues. Leur section transversale est carrée, de 12 millimètres de côté. Ces étais sont munis d'un bec un peu différent de celui qui a été décrit ci-dessus ; il est représenté par la fig. 00. Ils sont assujettis sur les courtes lattes du châssis par une solide ligature.

La bride s'attache à l'une des grandes lattes du châssis, au milieu de chaque bande de toile ; elle a une longueur de 1 m. 25. La ligne vient aboutir en un point O, qui est au cinquième environ à partir du point d'attache supérieur ; il faut en déterminer la position la plus convenable par tâtonnement.

Le cellulaire en carreau offre cet avantage, qu'on peut le démonter pour l'emporter dans les voyages. Il rentre dans la catégorie des cerfs-volants *à étais* (*bystruts*), par opposition à celle des cerfs-volants *à châssis* (*by frames*). L'Hargrave peut se construire aussi par étais. On a aussi essayé avec succès des modèles dits trapézoïdes qui ont beaucoup d'analogie avec le carreau et dont la confection n'a pas besoin d'explications, après ce que nous avons dit de ce dernier modèle.

Il n'est évidemment pas indispensable, en construisant les cerfs-volants que nous venons de décrire, de s'en tenir strictement aux dimensions absolues que nous avons données : il suffit de conserver les rapports de ces mesures. Il est commode et économique à la fois de partir de la largeur des pièces de tissu que l'on trouve dans le commerce et de choisir les autres dimensions des appareils en conséquence.

Les types Hargrave, en carreau et trapézoïde sont les meilleurs que l'on connaisse actuellement. On en a imaginé beaucoup d'autres, parmi lesquels nous mentionnerons les modèles à ailes, c'est-à-dire à surfaces planes ou courbes, s'élançant des deux côtés. Ils ont le défaut des cerfs-volants à une seule surface : ils sont exposés à se déformer asymétriquement par un vent fort ; ensuite le rapport des surfaces portantes aux surfaces réellement existantes ou projetées est trop grand pour maintenir toujours la stabilité.

La ligne

Lorsqu'il s'agit d'essayer un cerf-volant ou de le faire monter seulement à deux ou trois cents mètres, on se contente de l'attacher à une cordelette suffisamment solide. Si l'on désire atteindre de plus grandes hauteurs, il faut remplacer la corde par un fil métallique. C'est le fil d'acier de piano que l'on a adopté. Au Blue Hill, on se sert du fil n° 14, d'un diamètre de 0,0325 pouce ($0^{mm}83$), pesant 15 livres (6 kgr. 804) par mille ($1609^{m}3$) ou 4 kgr. 228 par kilomètre, et qui se rompt sous un effort de 300 livres (136 kilogrammes). On ne l'emploie habituellement que sous une tension qui est la moitié de la charge de rupture ; il a eu à supporter cependant, dans quelques ascensions, une tension de 80 kilogrammes.

Le fil métallique a sur la corde plusieurs avantages. Son poids n'est que la moitié de celui d'une bonne corde d'égale résistance. En outre, son diamètre n'atteint pas tout à fait le quart de celui de la corde, ce qui, joint à l'absence d'aspérités à sa surface, fait qu'il donne beaucoup moins de prise au vent et que le cerf-volant peut atteindre une plus grande hauteur angulaire.

Pour que la pression sur les cerfs-volants ne dépasse pas une certaine limite, même par les vents tempétueux, on a recours, au Blue Hill, à une bride dont les brins se placent dans un plan vertical, comme c'est le cas pour le type malais et le carreau ; la branche inférieure est élastique et, en s'allongeant, permet au cerf-volant de se placer de plus en plus obliquement, à mesure que le vent augmente de vitesse. Pour montrer par un exemple l'efficacité de cette importante innovation, nous citerons une expérience faite au Blue Hill. Par une tempête de 80 kilomètres à l'heure ou de 22 mètres à la seconde, ce qui correspond à une pression de 50 à 60 kilogrammes par mètre carré, on lança deux appareils. Le premier, qui était le plus grand, avait une demi-bride élastique, grâce à laquelle la pression totale du vent ne dépassa pas 14 kilogrammes (5 kilogrammes par mètre carré). Le second, dont la bride était entièrement rigide, accusa des pressions totales de 27 à 49 kilogrammes, en moyenne de 40 kilogrammes par mètre carré.

Malgré les avantages que présente le fil métallique, une longue ligne deviendrait une charge trop lourde pour le cerf-volant qui doit porter encore un météorographe. Aussi, recourt-on à plusieurs cerfs-volants auxiliaires, espacés à quelque distance les uns des autres sur la ligne.

La forte traction exercée par les cerfs-volants employés à la météorologie empêche de les tenir à la main. Le maniement du fil d'acier serait, du reste, impossible sans un appareil spécial. Aussi, se sert-on constamment d'un treuil, sur le tambour duquel s'enroule la ligne. Il est commode de le monter sur une brouette. Le treuil du Blue Hill est activé par une machine à vapeur de deux chevaux, celui de Trappes par une dynamo.

Cellulaires formes diverses

On trouve maintenant dans le commerce des modèles de cerfs-volants Hargrave de construction très simple et de prix modeste, très faciles à monter et à démonter, et ayant de bonnes qualités de volateurs. Ils se composent de quatre montants de bois fixés à demeure aux angles des cellules de toile, et maintenues en place lorsque l'appareil est monté, par deux croisillons dont les extrémités portent des encoches pour permettre de les emboîter sur les montants. Le cerf-volant vole sur l'une de ses arêtes, si bien que la ficelle de retenue s'attache en un point unique de l'un des montants correspondant à la face inférieure.

Lorsqu'on veut faire des modèles rectangulaires et non pas carrés, on fabrique avec des baguettes de sapin ou de frêne bien dressées, deux cadres semblables dont les coins sont assemblés par des entures à mi-bois que l'on cloue ensemble et que l'on renforce par des équerres en zinc, tôle mince, ou mieux, en aluminium. On fixe, à l'aide de petites pointes dites semences de tapissier, deux bandes d'andrinople ou de shirting, tout le long du bord supérieur du cadre, ainsi que le long des côtés verticaux. L'autre bande d'étoffe est clouée de la même façon, puis le long des montants. Il reste ainsi un espace vide entre les deux bandes d'étoffe, espace dont la largeur est un peu plus grande que celle des bandes.

Les deux lisières de celles-ci sont cousues ensemble, avant d'être mises en place, de manière à constituer un anneau d'étoffe sans fin, dont le développement total est égal à deux fois la largeur des cadres et deux fois l'écartement devant être laissé entre eux. Autrement dit, si le cerf-volant doit avoir

1 m, 50 de long, 1 mètre de large et 1 m, 20 de haut les cadres représentant les petits côtés mesureront 1 mètre × 1 m. 20 et chaque bande d'étoffe 1 m. 50 × 2 + 1 m. ×2 = 5 mètres sur 0 m. 35 de large environ.

Après avoir cloué le premier cadre, on fixe l'autre par le même moyen, après avoir

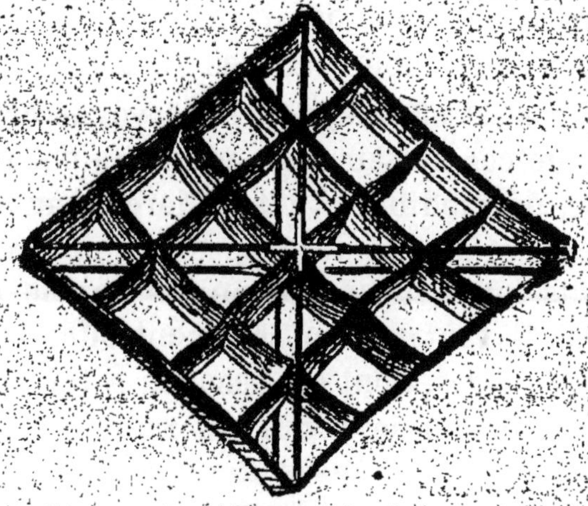

Fig. 45. — Multicellulaire Lecornu.

placé ce second cadre à l'intérieur de l'anneau d'étoffe, et en ayant soin de donner exactement la même longueur aux deux côtés les plus longs et qui doivent être parallèles et à angle droit des côtés tendus vers les cadres.

Le transport d'un semblable cerf-volant est ainsi facilité puisque les deux cadres peuvent être appliqués l'un sur l'autre, de telle manière que l'appareil plié n'a que l'épaisseur des baguettes sur lesquelles l'étoffe est clouée. Pour le lancement, il faut développer la boîte, et on arrive à tendre l'étoffe en intercalant à l'intérieur, entre les angles opposés, des croisillons de bois associés ensemble par des ligatures.

On s'est efforcé, devant la vogue croissante que ces systèmes de planeurs ont rencontrée, de modifier et d'améliorer leur agencement, et parmi les types les plus intéressants qui ont été préconisés depuis l'année 1898, il faut particulièrement citer les *multicellulaires*, dont M. Lecornu a fait une étude approfondie et qui ont remporté les premières récompenses dans les concours de cerfs-volants de l'Exposition de 1900 (1). La construction de ces modèles est décrite avec force détails et de nombreuses figures dans l'ouvrage publié par cet ingénieur, et nous y renverrons le lecteur désireux de plus am-

---

(1) *Les Cerfs-Volants*, par Lecornu, Librairie Vuibert et Nony, Paris.

ples détails, que, seul, le format exigu de cette Collection nous force à passer sous silence.

Le *cerf-volant mixte américain* se trouve dans de nombreux bazars. On peut le con-

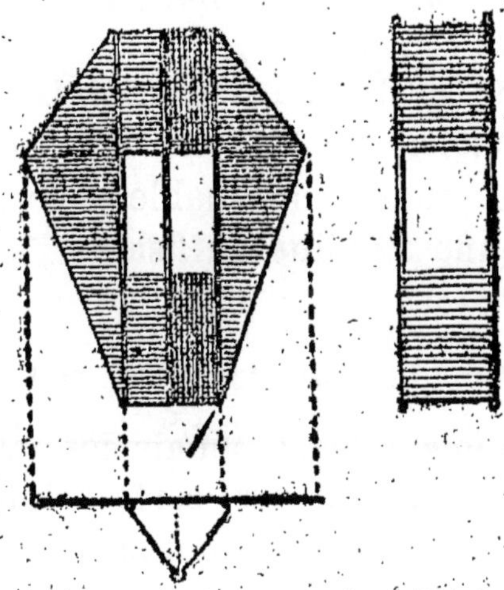

Fig. 46 et 47. — Cerf-volant mixte américain vue de face et de côté.

sidérer comme une combinaison du cerf-volant plan et du cerf-volant Hargrave, bien que ses cellules soient triangulaires et non quadrangulaires. Sa charpente se compose de trois baguettes parallèles, dont l'une constitue l'arête antérieure des cellules et n'étant reliée au reste de la carcasse que par les côtés en toile des cellules. Les deux autres, au contraire, sont maintenues écartées par une traverse qui sert en même temps d'armature aux deux plans ; il reste une partie vide centrale.

La bride se fixe en deux points convenablement choisis sur l'arête. Cet appareil s'enlève avec une remarquable célérité et il présente une stabilité suffisante.

Cerfs-volants multiples chinois et annamites

Les Chinois et les Japonais connaissent de temps immémorial les cerfs-volants multiples qu'ils forment avec une série de plans associés les uns aux autres au moyen de liaisons souples. Un type très curieux de cerfs-volants de ce genre est le *dragon* (fig. 48), qui se compose d'un plus ou moins grand nombre de disques de taille décroissante, placés les uns derrière les autres et enfilés sur trois ficelles équidistantes. Chacun de ces disques est traversé suivant son diamètre d'une très légère baguette de bambou se terminant de chaque côté par une plume

Fig. 48. — Dragon japonais.

d'oiseau servant de balancier. Sur le premier, qui est le plus grand, de ces disques, est peinte une tête grotesque ou effrayante. Au dernier sont fixées deux longues banderolles flottant librement au vent et jouant le

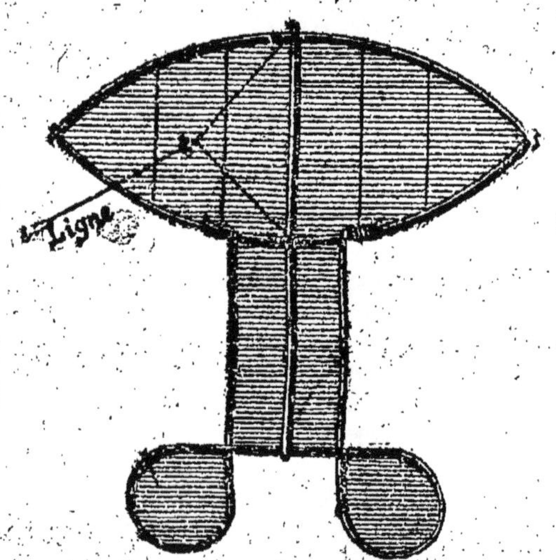

Fig. 49. — Cerf-volant annamite (fonctionnant en tandem).

rôle de girouette d'orientaion. Le lancement de ce curieux appareil aérien est assez bizarre, mais, une fois en l'air, son effet est des plus étrange, car, sous l'action du vent, il ondule ainsi qu'un serpent fantastique.

Les Annamites emploient des cerfs-volants associés d'une façon non moins singulière et qui ne rappelle celle d'aucun des précédents décrits jusqu'ici. Cet appareil est construit tout en brins de bambou fendu de grosseur très régulière et repliés de manière à former tout le contour du plan sustenteur et de l'organe d'équilibre. Des fils tendus dans tous les sens et des ligatures assurent la rigidité de cette carcasse qui est recouverte de papier gambie et cintrée ensuite en arrière par une ficelle tendue d'un angle à l'autre du plan. La courbure présente une flèche d'environ 8 à 10 centimètres ; c'est le côté bombé qui est tourné du côté du vent. La bride d'attache est fixée au plan principal suivant son petit axe et est assez courte. On associe ordinairement deux de ces cerfs-volants en tandem, celui de tête, un peu plus petit que l'autre, est muni d'une espèce de sifflet ou de mirliton que le vent fait vibrer et qui rend un son sourd ou criard s'entendant de très loin. Ce curieux appareil est très stable et ne nécessite que peu de vent pour voler, en raison de sa grande légèreté.

Planeurs forme oiseau

On donne fréquemment aux cerfs-volants la forme d'un oiseau les ailes étendues. Dans certains specimens d'origine japonaise, la carcasse, sur laquelle s'applique la voilure, est composée de brins de bambous, comme dans le modèle précédent, entrecroisés à angle droit et consolidée par d'autres brins disposés en croix de Saint-André, tous les points de croisement étant renforcés par des ligatures (fig. 50).

La voilure en papier gambie et le tout est assez léger pour qu'un spécimen d'oiseau de ce genre, de 0 m. 95 d'envergure, ne pèse pas plus de 20 grammes, d'après M. Brissonnet. Contrairement à beaucoup d'autres planeurs analogues, ce dernier ne volait qu'avec l'adjonction d'une queue de 8 mètres de long, à l'extrémité de laquelle se trouvait un poids en plomb de 200 grammes. Avec un vent ordinaire, ce cerf-volant pouvait s'élever à 350 mètres de haut, juste au-dessus de la tête de l'expérimentateur, ce qui prouve une force ascensionnelle considérable en même temps qu'une remarquable stabilité. Le modèle fig. 50 rentre dans cette même catégorie mais l'addition d'une queue mobile est inutile. La carcasse comporte une épine dorsale et une traverse en croix. Du point de croisement de ces deux parties partent deux autres baguettes for-

Fig. 50. — Planeur-Oiseau.

mant la nervure avant des ailes, enfin une dernière baguette est contournée en ovale, ses deux brins se croisant et formant les côtés de la queue. Tous les points de liaison des baguettes sont assurés par des ligatures de ficelle humectées ensuite de colle forte. La carcasse est ensuite habillée de papier que l'on colle sur les baguettes en observant de laisser les ailes flexibles à partir de la vergue droite transversale : grâce à cet artifice, ces ailes peuvent se creuser sous la pression du vent de manière à former une concavité assurant une certaine stabilité. La ficelle d'attache est bifurquée pour s'attacher d'une part au cou et à la queue de l'oiseau artificiel.

Le succès remporté par les aéroplanes montés, a excité l'ingéniosité des inventeurs, et on a pu voir apparaître, depuis l'époque des exploits de Wright, Farman, Blériot et *tutti quanti*, une foule de modèles nouveaux de planeurs très intéressants et fournissant les meilleurs résultats. Certains de ces cerfs-volants affectent l'aspect d'un grand oiseau aux ailes concaves et flexibles; d'autres, dérivant plus directement des cellulaires à plans sustenteurs et directeurs, rappellent la forme des *monoplans* ou *biplans* illustrés par les aviateurs dont le nom a été cité un peu plus haut. Tous ces appareils peuvent être reproduits sans difficultés particulières par les amateurs, et les matériaux qui entrent dans leur construction sont ceux déjà énumérés pour tous les autres modèles plans ou composés, c'est-à-dire le bambou ou le roseau, les tubes et pièces d'assemblage fondues en aluminium, la soie vernie et la ficelle dite *fouet,* très fine et bien tordue. La densité de ces volateurs étant inférieur à 1 kilogr. par mètre carré de surface portante, il en résulte qu'ils ont une grande force ascensionnelle et ne réclament qu'un vent modéré pour prendre leur essor.

CHAPITRE VI

LANCEMENT ET MANŒUVRE DES CERFS-VOLANTS

Le cerf-volant est un sport au même titre que la bicyclette ou l'aviron, et il a recruté des adeptes encore plus nombreux depuis les retentissantes prouesses des aviateurs, montant des aéroplanes qui ne sont pas autre chose à bien considérer que des cerfs-volants genre Hargrave, poussés en avant par une hélice actionnée par un moteur supra-léger. Tout le monde ne peut pas se payer un *monoplan* à moteur « Antoinette » coûtant vingt-cinq mille francs la place, mais chacun peut se procurer quelques brins d'osier ou de bambou, une ou deux feuilles de papier mince et solide ou du calicot, et deux ou trois pelotes de ficelle. C'est là une mise de fonds qui n'exige pas la fortune d'un Vanderbilt ou d'un Chauchard. Les amateurs ayant reconnu les charmes de cette récréation instructive qu'est le lancement du cerf-volant, et capables de faire des sacrifices d'argent pour satisfaire cette variété d'*aéromanie,* pourront ensuite faire la dépense de matériaux plus coûteux et d'un treuil mécanique pour le rappel de leurs cerfs-volants, qui pourront alors être d'une forme plus étudiée, plus complexe, plus savante même, devrait-on dire, car profitant de l'expérience acquise, chaque modèle successif présentera un progrès sur le précédent.

Pendant longtemps le sport du cerf-volant est resté dédaigné, parce qu'il était regardé comme une simple amusette, un jeu d'enfant sans conséquence et sans intérêt. Les succès répétés remportés par les aviateurs ont ramené l'attention générale sur les planeurs captifs, et on a pu se convaincre à l'usage des avantages multiples que présente la pratique de ce que les Anglais appellent *kites*, et les Allemands *drachen.*

Le cerf-volant est d'ailleurs le seul sport que le plus pauvre puisse pratiquer tout aussi bien que le riche, car l'amateur peut se fabriquer sans aucune aide étrangère, son outil, ce que ne saurait faire ni le cycliste, ni l'automobiliste, ni le canotier, ni le gymnaste, ni le chasseur, qui tous demandent chacun leur instrument ou leur machine à une industrie particulière.

Il n'en est pas de même avec le cerf-volant, qui est un véritable sport athlétique au même titre que la bicyclette, la course, la lutte, l'escrime et tous autres exercices physiques du même genre.

On ne saurait se figurer l'effort musculaire que réclament le lancement et la manœuvre, pendant plusieurs heures consécutives d'un cerf-volant, même de taille moyenne. Il faut avoir eu l'occasion d'en juger par soi-même pour s'en rendre compte. On court au cerf-volant, on revient au dévidoir; on bobine ou en renvide suivant le cas, et une attention soutenue est nécessaire pour empêcher la chute intempestive de l'appareil aérien en station au point culminant de son ascension, à la suite d'une absence ou d'une saute de vent Si la séance est de quelque durée, la fatigue est aussi grande qu'avec n'importe quel autre exercice mettant en jeu tous les muscles; c'est pourquoi on peut dire que la pratique du cerf-volant est un véritable sport athlétique pouvant être mis sur la même ligne que tous les autres sports exigeant du mouvement et des dépenses de forces.

De plus, l'intelligence a sa très grande part à la réussite d'un appareil, car ce n'est pas au bazar que le véritable amateur va chercher ses appareils. Il les construit lui-même, après avoir mûrement réfléchi à la meilleure forme qu'il convient de leur donner. Avec des matériaux choisis, il établit le planeur dont il a déterminé le contour, les dimensions et le poids, et lorsqu'il a ainsi établi plusieurs modèles, le cerf-volantiste est tout surpris de savoir se servir d'une foule d'outils : rabot, scie, ciseaux, pot à colle, aiguille, dont il ignorait auparavant le maniement. En même temps, son goût se développe et s'améliore. Non seulement, il devient menuisier, couturière, vannier, cordier, mais il arrive à se transformer en artiste décorateur pour peindre et orner de dessins, souvent fort réussis, la surface de son planeur qui devient alors une véritable œuvre d'art, en raison du goût *dépensé* à son embellissement.

Voilà suffisamment d'avantages pour valoir au cerf-volant ses lettres de grande naturalisation dans le pays des sports, et c'est pourquoi on ne saurait trop encourager les jeunes gens à s'intéresser à cet appareil. Dès qu'ils en auront essayé, ils ne tarderont pas à en devenir de chauds adeptes et partisans, et c'est pour répondre à la devise bien connue « l'union fait la force », que les cerfs-volantistes, de différents pays, se sont associés et réunis en des sociétés amicales où sont discutés tous les intérêts de ce sport naissant, mais plein d'avenir, et qui ne fera que prendre de l'extension à mesure que ses agréments seront mieux appréciés et plus connus.

Méthodes de lancement

Quand on veut lancer un cerf-volant, on cherche un espace dénudé, bien découvert du côté où souffle le vent et assez vaste pour permettre de dérouler au moins 40 ou 50 mètres de ficelle tout en conservant du champ pour manœuvrer. C'est dire que ce ne peut être qu'en pleine campagne ou dans des emplacements vides particuliers : champ de manœuvres, fortifications, etc., qu'on peut procéder en toute sécurité et sans risques au lancement des appareils planeurs.

Il faut éviter surtout la proximité d'arbres, bosquets, et à plus forte raison, de bois et forêts, dans la direction où porte le vent, car en cas de rupture de la ligne de retenue, le cerf-volant pourrait se perdre en tombant au milieu des taillis. Tout au moins, il serait détérioré et la ficelle perdue.

Quand le terrain sur lequel on se place présente une certaine inclinaison dans le sens du vent, il faut se hâter d'en profiter pour placer l'appareil au point le plus haut; l'ascension se trouvera ainsi grandement facilitée.

Lorsque le modèle que l'on veut lancer est du type rigide, il faut prendre la précaution de mettre les brides en place et les régler une fois pour toutes avant de venir sur le terrain de manœuvre. Quand il s'agit d'un démontable, on le transporte avec la toile roulée autour de la membrure de bois. Arrivé à l'endroit du lancement, on déplie les lames ou baguettes constituant la carcasse, puis on tend la voilure en maintenant la carcasse *à plat* sur le sol, de manière à ce que le vent ne puisse pas avoir de prise sur cette surface, on attache aux pattes d'oie, d'une part la queue équilibrante si l'appareil en comporte une, d'autre part la ligne de retenue. Ces pattes d'oie doivent être mise en place à l'atelier, ou dans tout autre endroit clos, car il serait difficile de procéder à leur réglage en plein air pendant que souffle un vent impétueux qui retourne le cerf-volant d'une face sur l'autre comme une simple feuille de papier. Le remontage ne doit donc donner lieu à aucun tâtonnement et pouvoir s'exécuter le plus rapidement possible ; on évitera bien des ennuis et bien des mécomptes en observant cette simple prescription.

Dès que le cerf-volant présente quelque importance, il faut de toute nécessité être deux pour effectuer le lancement. L'aide tient le cerf-volant couché sur le sol de façon à ne donner aucune prise au vent, jusqu'à ce que l'opérateur, tenant fortement le dévidoir, lui fasse un signe convenu, à la vue duquel l'aide dresse alors l'instrument peu à peu en le soulevant du côté d'où vient le vent, et en le maintenant dans cette position, jusqu'à ce que l'opérateur, sentant une traction s'opérer sur la ficelle, traction due à l'effort du vent, lui fasse un second signal pour *lâcher* et non *lancer* le cerf-volant. Si l'appareil est convenablement équilibré, la longueur de ses brides d'attache telle qu'elle doit être, il monte immédiatement en enlevant sa queue, préalablement déroulée dans le sens où souffle le vent, et sans qu'il soit besoin au porteur du dévidoir, de courir.

Je n'ai pas besoin de rappeler qu'un cerf-volant s'enlève d'autant plus aisément, avec un vent faible, qu'il est plus léger par rapport à sa surface utile. Mais si le vent est fort, la carcasse se trouvera alors trop faible et pourra être brisée. C'est pourquoi il est nécessaire d'avoir des cerfs-volants de différentes densités à égalité de surface ; les uns, les plus légers, pour les brises faibles jusqu'à 5 ou 6 mètres de vitesse de vent, les autres, les plus lourds, pour les vents plus forts, mais exigeant déjà, pour pouvoir s'élever des vitesses de 15 à 18 kilomètres à l'heure.

Lorsque l'air ne se déplace pas avec une rapidité suffisante pour déterminer l'ascension de la machine, on peut y remédier en courant, dans la direction d'où souffle la brise, et en remorquant le planeur derrière soi. Celui-ci rencontre une résistance suffisante à l'avancement par suite de la surface qu'il offre à l'air, telle que par suite du phénomène de la décomposition des forces qui se produit, il s'élève obliquement et monte tant que cette résistance se fait sentir.

Au lieu de courir à pied en entraînant le cerf-volant avec soi, on peut procéder au lancement d'une façon plus certaine en se servant pour cette opération d'une bicyclette ou d'une automobile, dont la vitesse est infiniment plus grande que celle que peut donner un coureur pédestre. Pour cela on déroule environ 200 mètres de ficelle depuis le cerf-volant qui est couché à plat sur le sol, et on termine cette ficelle par un gros anneau de bois, ou un cabillot, après l'avoir enfilée dans un anneau de rideau en cuivre relié à la ficelle roulée sur le dévidoir que l'on tient à la main. On monte sur la bicyclette ou l'auto arrêtée auprès du cerf-volant, couché sur la route; on se met en marche dans le sens de la ficelle, si bien que l'anneau de rideau glisse sans la moindre résistance le long de cette ficelle. La vitesse s'accélère de plus en plus, si bien qu'au moment où les 200 mètres sont parcourus et que l'anneau curseur rencontre le cabillot formant taquet d'arrêt, elle est d'au moins 18 kilomètres à l'heure avec la bicyclette et de 40 avec l'automobile. Les deux ficelles n'en faisant plus qu'une, celle étendue sur le sol, faisant brusquement corps avec l'autre se raidit, et entraîne le cerf-volant qui s'élève comme une flèche et se maintient à son altitude maximum tant que la vitesse reste constante. Il retombe, bien entendu, si l'on vient à s'arrêter, à moins qu'il ne rencontre, comme il arrive fréquemment, à une certaine hauteur au-dessus du sol, un courant d'air assez rapide pour le maintenir en équilibre.

C'est lorsque le cerf-volant commence à s'élever qu'il est bon de posséder une certaine expérience afin de fournir de la ficelle suivant qu'il en demande, ou au contraire ramener cette ficelle plus ou moins vite afin d'éviter la chute. Rien, en pareille matière ne vaut l'expérience, et de même que pour faire un bon conducteur d'automobile, il faut avoir tenu le volant de direction pendant longtemps, il faut avoir tiré sur la ficelle quelque temps avant de devenir un bon cerf-volantiste.

Manœuvre du cerf-volant en l'air

Voici donc l'appareil en l'air et s'élevant progressivement, tantôt très vite, par saccades brusques suivies d'accalmies, tantôt plus doucement, lorsque le vent mollit.

Lorsque le cerf-volant monte rapidement sous l'effet d'une poussée favorable, on lui lâche de la corde tant qu'il en veut, mais d'une façon régulière, sans à-coups, de manière à éviter de lui faire piquer du nez ou exécuter d'inquiétantes pirouettes.

Si une saute de vent vient brusquement à se produire et lui faire perdre l'équilibre, ce qui le fait tourner sur lui-même en décrivant de grands zig-zags, on rend vivement quelques mètres de corde pour mollir celle-ci; le point d'appui manquant soudain au planeur, il cesse un instant de tourner et on en profite pour tendre fortement la ficelle. Si la manœuvre a été convenablement et surtout rapidement exécutée, il y a beaucoup de chances pour que l'instrument retrouve son équilibre un moment détruit et reparte de plus belle l'instant d'après.

Au cas où il s'abat lentement sans tourner, c'est que le vent lui fait défaut et ne le soutient plus suffisamment. Il faut alors ramener vivement en enroulant la ficelle sur le dévidoir, et, au besoin, courir contre le vent.

Si le cerf-volant est instable, qu'il oscille à droite ou à gauche ou demeure penché d'un côté, c'est l'indice qu'une pièce s'est déplacée, l'attache de la bride par exemple. Il se peut aussi que le poids de la queue soit insuffisante. Pour se rendre compte de ce qui s'est produit et apporter le remède convenable, point n'est besoin de repelotonner toute la ficelle déroulée et de ramener le planeur à terre. On fait tenir le dévidoir à son aide, ou on arrête le treuil à l'aide de la roue à rochet, et appuyant la gorge d'une poulie à poignée tenue dans la main sur la ligne de retenue, on court vers le cerf-volant en faisant baisser la ficelle à mesure que l'on court. Arrivé au but on inspecte les attaches, on leste la queue, et on procède à un nouveau lancer avec toute la quantité de ficelle déroulée. Aussitôt, le cerf-volant remonte d'un trait à sa hauteur primitive.

Lorsqu'on n'a personne pour aider, on plante solidement un piquet dans la terre et on y amarre la ligne par un nœud d'artificier, puis on va à l'appareil couché à plat sur le sol à une cinquantaine ou une centaine de mètres de là et on procède seul au lancer qui réussira tout aussi bien.

Pour les petits modèles, mesurant jusqu'à un mètre carré de surface portante, un dévidoir à main suffit, mais au-dessus, il faut absolument recourir à l'usage d'un treuil à manivelle, du genre de ceux qui ont été décrits précédemment. La présence d'une poulie de renvoi à mouvement universel est indispensable car on n'a pas à s'occuper des variations du vent, et par suite, du sens dans lequel la ficelle de retenue se dirige, car le brin venant de la poulie et se rendant au tambour d'enroulement demeure constamment orienté dans la même direction. Une seule précaution est à observer, c'est d'implanter dans le sol le plus solidement qu'on le peut, le piquet d'attache de la poulie, et surtout les pieds du treuil, pour éviter que celui-ci se renverse ou se déplace par les trépidations résultant des mouvements subis par le tambour mobile quand on enroule ou déroule la ligne de retenue.

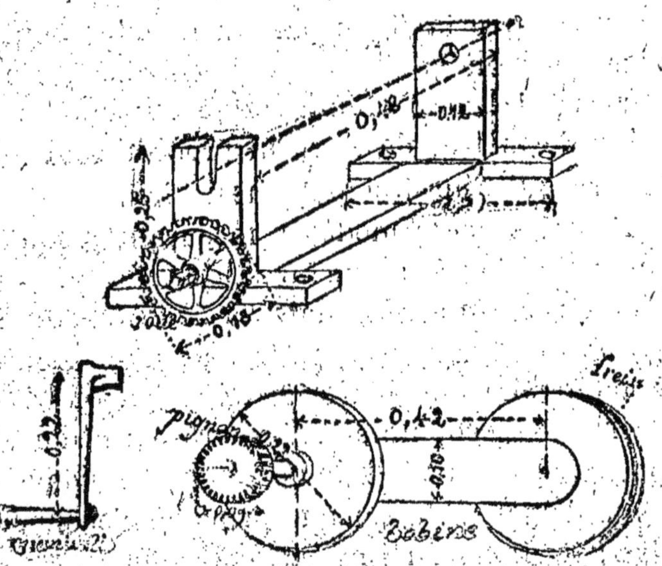

Fig. 51, 52 et 53. — Treuil mécanique, Manivelle et Tambour.

Pour enfoncer le piquet de la poulie et celui du treuil, on se sert d'un maillet de bois faisant partie du matériel et avec lequel on frappe sur la tête de ces piquets, qui doit être cerclée d'un anneau de fer posé à chaud pour ne pas s'écraser sous ces chocs répétés. Il est bon d'excaver un peu le sol avec la lame d'un couteau pour faire pénétrer plus facilement la pointe du piquet dans la terre. On consolide ensuite en passant celle-ci autour du poteau à coups de maillet.

On facilite le transport de tout le matériel en fabriquant une caisse formée de quatre piquets de 0 m. 06 d'équarrissage, ferrés à un bout, appointis à l'autre et réunis par huit traverses, assemblées à tenons et mortaises solidement collées. Cette cage est fermée sur ses quatre faces verticales par des voliges clouées, ainsi que sur la face recevant les bouts pointus, au-dessous des traverses du bas. Deux petits tasseaux sont ensuite cloués en face l'un de l'autre à 6 millimètres au-dessus des traverses du haut et ils servent à maintenir en place un couvercle glissant entre eux comme un tiroir, couvercle qui ferme le sixième côté de la caisse qui présente ainsi un vide intérieur de 0 m. 85 haut sur 0 m. 45 large; assez grand pour contenir toutes les pièces dont on a besoin, et notamment le dévidoir qui peut alors être agencé comme suit :

Deux semelles en bois mesurant 0 m. 52 de long sur 0 m. 06 de large sont réunies l'une à l'autre par une traverse de même épaisseur qu'elles et qui forme avec elles un double T. Au milieu de chaque semelle est implanté un montant de 0 m. 25 de haut, assemblé à tenon et mortaise dans la semelle. L'un de ces montants est percé d'un trou à 0 m. 20 au-dessus de la semelle; l'autre porte une échancrure de 0 m. 05 de profondeur divisant en deux parties égales le haut de ce montant.

La provision de ficelle de retenue est emmagasinée sur un rouleau de bois de 0 m. 38 de long et 0 m. 06 de diamètre, avec joues latérales de 0 m. 30 de diamètre, épaisses de deux centimètres. Ce rouleau est enfilé sur un axe en fer sur une extrémité duquel est claveté un pignon denté de 0 m. 05 de diamètre. Ce pignon engrène avec une roue d'engrenage de 0 m. 20 de diamètre tounant sur un pivot fixé au montant à échancrure, un peu au-dessus de la semelle. Un bras de 0 m. 25 de long est attaché à la roue par deux boulons à écrou et ce bras reçoit une manivelle en bois à axe en fer central.

Les faces supérieures des quatre montants verticaux constituant les angles de la caisse sont forées d'un trou central (creusé au vilbrequin) de 0 m. 10 de profondeur et 0 m. 01 de diamètre. Les extrémités des se-

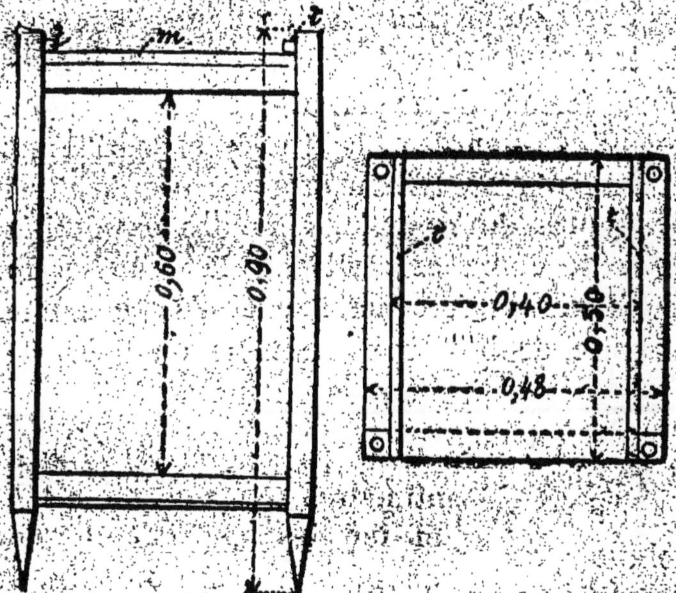

Fig. 54. — Caisse support du Treuil.

Fig. 55. — La caisse vue en plan.

melles du treuil portent des trous correspondants, à travers lesquels on enfonce des boulons à tête plate qui pénètre suivant l'axe des montants. De cette façon, le treuil fait corps avec la caisse qui tient au sol par ses quatre pieds enfoncés dans la terre jusqu'au niveau des traverses inférieures. Le rouleau de bois portant la ligne est placé entre les montants parallèles de telle manière que les dents du pignon pénètrent entre les dents de la grande roue dentée, et le frein à friction, formé d'une lame d'acier plate ou constituée par des fils tressés ensemble est mis en place dans la gorge creuse de l'une des joues du rouleau. Une des extrémités de cette lame est reliée à la semelle du treuil par un crochet fixe et l'autre à une poignée de bois avec laquelle on opère le freinage en tirant plus ou moins fort.

Le démontage de cet appareil est facile et rapide : on enlève le rouleau de ficelle d'entre les montants, puis le corps même du bobinoir en retirant les quatre boulons de liaison. La planchette du dessus de la caisse est ensuite tirée et cette dernière est remplie par le mécanisme du treuil, la poulie à mouvement universelle avec son piquet ferré, le maillet, la queue du cerf-volant roulée, et tous les accessoires : poulie à poignée, petit dynamomètre de traction, courriers, enfin la voilure du cerf-volant si celui-ci est démontable. On remet la planchette fermant la caisse, on déterre les pieds de celle-ci, et on n'a qu'un seul colis à transporter, colis qui peut être muni sur une de ses faces d'une solide poignée, de manière à pouvoir être aisément transporté. Cet agencement a encore un autre avantage qui est la stabilité obtenue lorsqu'on tourne la manivelle pour renvider la ficelle et ramener le cerf-volant.

Les courriers

On donne le nom de *courriers* ou *postillons* à des objets de papier offrant une certaine surface à l'action de la brise, et que l'on place à cheval sur la ficelle de retenue. Sous l'effet du vent qui les pousse, ces cavaliers glissent le long de cette ficelle en s'élevant de plus en plus jusqu'à ce qu'ils soient arrêtés par un obstacle quelconque, ordinairement le cabillot engagé dans l'estrope du cerf-volant.

Le postillon le plus simple se confectionne avec un morceau de papier rectangulaire que l'on replie plusieurs fois et qui l'on ouvre ensuite comme un éventail, à droite et à gauche de la partie médiane que l'on étrangle avec un bout de ficelle fixée à l'autre bout à un crochet ou une grosse agrafe que l'on pose à cheval sur la ligne de retenue (fig. 56).

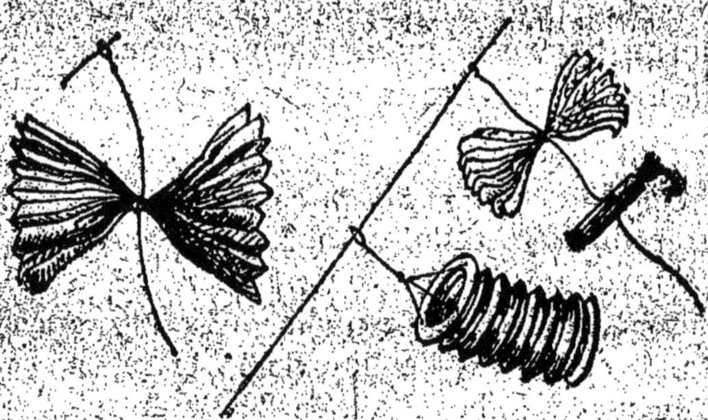

Fig. 56 et 57. — Postillons.

La ficelle peut dépasser l'éventail double en papier et on peut lui accrocher une longue et étroite banderolle de papier de soie qui déroule ses volutes gracieuses à la brise, une lanterne vénitienne allumée, une pièce d'artifice etc. Pour éviter que ces pièces, pétards ou autres ne détonent trop vite, on fixe à la mèche de l'artifice un *retard*, formé d'un petit morceau de mèche à briquet ou d'amadou à combustion lente. Le postillon a donc tout le temps de s'élever jusqu'au point culminant de sa course avant que l'explosion ne se produise. Et rien n'est curieux comme de voir, la nuit, une lanterne allumée filer dans l'espace sans aucun support apparent, ou de suivre la crépitation de la mèche qui s'élève dans l'air jusqu'au moment où le feu s'étant communiqué à la poudre, une détonation formidable retentit répéter par l'écho.

Quand on dispose d'un cerf-volant de dimensions assez grandes, de deux mètres carrés au moins de surface, on peut, par un bon vent frais, enlever en postillon des objets assez lourds. Mais alors le système de l'agrafe et de l'éventail de papier est insuffisant, et il faut recourir à un moyen moins primitif. Le meilleur est le parachute à déclanchement automatique.

Le mécanisme se compose de deux pièces principales : l'organe de suspension et le parachute proprement dit. Le premier comporte un tube de vingt centimètres de long qui s'enfile et glisse sur la ficelle de retenue. Au milieu, se trouve soudé, suivant un angle de 40 degrés environ un second tube, de même grosseur mais moitié moins long que le premier, et portant une gouttière parallèle au tube qui doit être enfilé sur la ligne. Celui-ci contient un fil de fer replié à angle droit et dont l'extrémité dépasse de cinq à six centimètres l'ouverture. A ce fil est accroché une tringle passant dans l'intérieur de l'autre tube, tringle fermée en boucle à chaque bout et faisant partie du parachute qui est indépendant des deux tubes. Celui-ci se compose d'un léger parasol en papier ou étoffe fine, de 30 à 40 centimètres de diamètre étant ouvert, et dont l'extrémité du manche porte, suspendu par une tringle ou une patte d'oie, une corbeille dans laquelle on place les objets que l'on veut expédier en postillon (fig. 58).

Le fonctionnement de cet appareillage s'opère de la manière suivante :

Le tube étant mis en place sur la ficelle du cerf-volant, le vent s'engouffre dans le parasol ouvert et l'oblige à s'élever tout le long de cette ficelle jusqu'à ce que le bout de fil de fer qui dépasse hors du tube vienne rencontrer un disque de bois placé sur la ligne un peu en avant de l'estrope d'attache. En butant contre ce disque, le fil de fer est obligé de reculer et la boucle de la tringle se trouve libérée du crochet et tom-

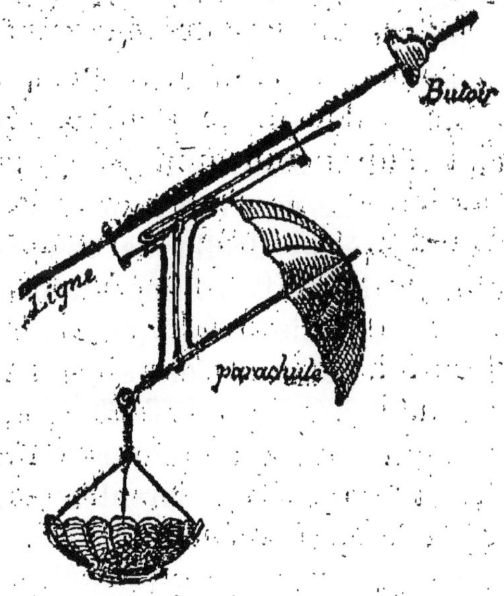

Fig. 58. — Parachute à déclanchement automatique envoyé en postillon.

be à travers le tube vertical. Le parasol prend alors la position horizontale et se transforme en parachute qui redescend avec une vitesse modérée jusqu'à terre en ramenant les objets dont la corbeille a été chargée, et rien n'est plus gracieux que la descente de ce parachute qui se balance doucement au gré de la brise.

Au lieu d'une corbeille, on peut suspendre au parachute servant de propulseur pour la montée, un mannequin représentant un personnage. C'est ainsi qu'en 1844, le professeur Colladon, de Genève, réussit l'enlèvement d'un mannequin de grandeur humaine assis sur une chaise accroché par deux anneaux à la ficelle de retenue. Ce mannequin, qui pesait 6 kilogrammes, était muni d'un parapluie ouvert et qui servait de propulseur. Le vent l'éleva jusqu'à 200 mètres de hauteur, au grand ébahissement des curieux qui furent témoins de l'expérience et dont beaucoup prirent le mannequin pour un homme véritable se livrant à un exploit dangereux et jusqu'alors inédit.

Le système de déclanchement du parachute peut être modifié et rien n'est plus facile que de lui apporter tous les perfectionnements qu'on juge à propos de lui donner suivant les circonstances. Le principe consiste toujours à amener le décrochement automatique de l'appareil une fois qu'il est parvenu à la fin de sa course, c'est-à-dire auprès du cerf-volant.

Au lieu d'une corbeille ou d'un mannequin, on peut encore envoyer en postillon un appareil photographique muni d'un obturateur permettant de prendre des vues panoramiques et fonctionnant automatiquement, une fois l'appareil arrivé au point culminant de son ascension.

CHAPITRE VII

EMPLOIS DES CERFS-VOLANTS

Il serait profondément injuste, et surtout inexact maintenant de continuer à regarder le cerf-volant d'un œil de dédain en le croyant seulement propre à fournir une récréation aux écoliers en vacances. Le cerf-volant vaut mieux que son antique réputation de simple amusette; son fonctionnement met en jeu les plus graves problèmes de la mécanique, et c'est un appareil intéressant à plus d'un égard et qui mérite l'attention des savants.

Un revirement s'est, il faut le reconnaître, produit dans l'opinion, qui enregistre les résultats obtenus dans les recherches entreprises dans cet ordre d'idées, et le cerf-volant s'est réhabilité depuis qu'il a reçu de multiples applications qui seront rapidement passées en revue dans ce dernier chapitre.

Photographie aérienne

Le cerf-volant présente, dans cette application particulière, une incontestable supériorité sur le ballon captif. Le ballon, à moins d'être de volume relativement fort, n'a pas une grande puissance ascensionnelle et il oscille continuellement au bout de sa ficelle de retenue. Il est plus coûteux qu'un cerf-volant et son gonflement est assez difficile à réaliser en dehors des villes possédant une usine et une canalisation de gaz d'éclairage. Il n'y a que dans le cas où l'emplacement où doit se faire le lancement est très exigu et ne permet pas le lancement d'un cerf-volant qu'on doit préférer l'aérostat. Dans toutes les autres circonstances, l'usage du plan sustenteur s'impose, et il fournit le procédé le plus commode pour élever une chambre noire pourvue de plaques sensibilisées jusqu'à la hauteur voulue.

Le promoteur de ce genre d'études paraît être M. Arthur Batut de Labruguière (Tarn), qui commença ses expériences en 1888, à l'aide d'un cerf-volant plan, en forme de quadrilatère, mesurant 2 m. 50 de haut et 1 m. 75 de large, recouvert de papier renforcé de goussets en toile aux angles, et pourvu

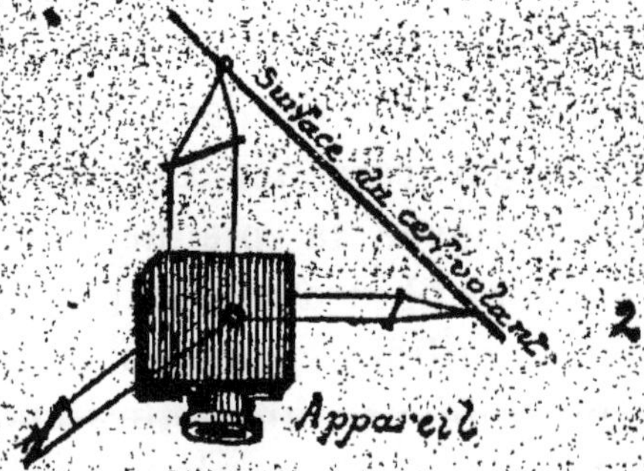

Fig. 59. — Appareil photographique attaché au cerf-volant.

d'une longue queue. Les résultats obtenus dès cette époque furent très remarquables, et l'inventeur obtint de très bonnes photographies aérinennes prises à 250 et 300 mètres de haut avec cet appareillage.

L'appareil photographique était fixé directement au plan, mais pour éviter que le champ de l'objectif ne fût coupé par les cordes de la bride, l'attache de la ligne de retenue s'opérait par l'intermédiaire d'un palonnier en bambou, laissant un espace libbre pour la prise des vues (fig. 59). L'obturateur était déclanché par la combustion d'un fil relié à une mèche d'artificier allumée au départ et ayant une longueur déterminée. Ce déclanchement provoquait le déroulement d'une banderolle de papier qui avertissait l'opérateur de la fin de l'expérience; il n'y avait plus qu'à ramener le cerf-volant à terre pour enlever la plaque impressionnée. Le premier obturateur employé était un obturateur à guillotine, mais il fut remplacé dans la suite par un obturateur rotatif, actionné par un fort caoutchouc.

D'autres chercheurs ont repris, par la suite, les intéressantes expériences de M. Batut, et on pourrait citer les noms de plusieurs d'entre eux qui ont obtenu, avec des cerfs-volants comme appareils d'ascension, des vues parfaitement réussies, aussi bien en plan que panoramiques, c'est-à-dire en perspective, sous un angle plus ou moins ouvert. Certaines de ces vues, celles de M. Wenz, de Reims, par exemple, sont remarquables par leur netteté et équivalentes à celles prises à bord de la nacelle d'un ballon libre par un habile opérateur (fig. 60).

M. Eddy, cerf-volantiste américain, l'un des promoteurs du système Hargrave, a exécuté de très bonnes photographies à 300 et 500 mètres de haut avec un équipage de plusieurs cerfs-volants cellulaires associés en tandem sur une seule ficelle; la chambre noire étant suspendue au point d'intersec-

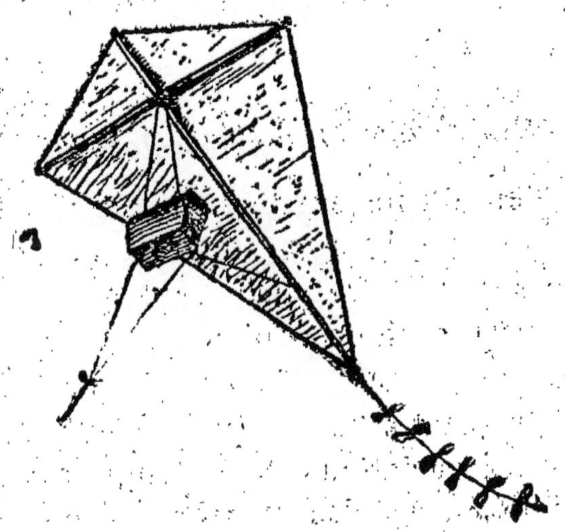

Fig. 60. — Cerf-volant Wenz.

tion des lignes des deux cerfs-volants les plus élevés.

On peut conclure que la photographie aérienne par vues topographiques et levers de plans, peut trouver dans l'emploi judicieux du cerf-volant une précieuse ressource et une aide avantageuse dans la plupart des circonstances.

Cerfs-volants météorologiques

Au lieu d'enlever une chambre noire à quelques centaines de mètres de hauteur pour prendre la vue photographique du paysage sous-jacent, on peut suspendre au cerf-volant divers appareils de météorologie à enregistrement automatique et continu, pour relever les variations de la température, de l'humidité, etc., des couches atmosphériques.

Les indications fournies par les stations météorologiques de montagnes et par les ballons sondes ont incité les savants à utiliser les équipages de cerfs-volants pour transporter à la plus grande hauteur possible dans l'espace des thermomètres et autres appareils. En France, c'est l'Observatoire de Trappes, dirigé par M. Teisserenc de Bort, qui est le mieux outillé pour ce genre de recherches. On emploi des cellulaires

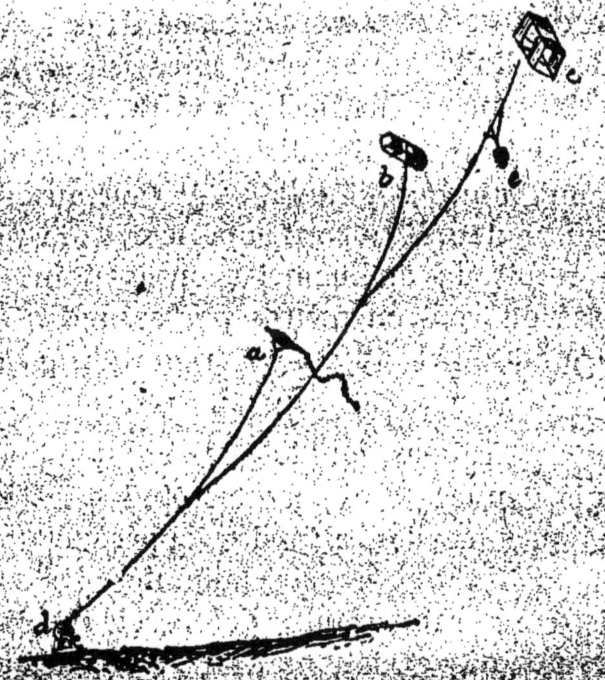

Fig. 61. — Cerfs-volants météorologiques.
a b c, Cerfs-volants. — *d*, Treuil. — *e*, Appareils enregistreurs.

Hargrave, associés sur une même ligne de retenue en fil d'acier enroulé sur le tambour d'un treuil. Un treuil à vapeur de 2 chevaux opère le travail de renvidage de cette ligne. On a atteint des altitudes de 4 à 5.000 mètres avec cet agencement.

Le cerf-volant porte, accroché dans le vide des cellules, un appareil enregistreur triple, baromètre-thermo-hygromètre, inscrivant sur trois feuilles distinctes la pression, la température et l'humidité de l'air aux diverses hauteurs. Le bord supérieur de la cellule reçoit un anémomètre enregistrant la vitesse du vent en mètres par seconde.

L'Observatoire américain de Blue-Hill, dirigé par M. Lawrence Rotch, de même que celui de Trappes, emploie les cerfs-volants depuis l'année 1895, pour les études météorologiques et des altitudes supérieures à 6.000 mètres ont pu être atteintes, les enregistreurs rapportants de précieux diagrammes des variations de l'état hygrométrique ou thermique de l'air suivant les hauteurs.

Sans vouloir aller aussi haut, ce qui exige un matériel coûteux et compliqué, l'amateur pourra agencer un observatoire-sonde plus modeste en réunissant sur un tableau des appareils à lecture directe ordinaires, tels que thermomètres, baromètres, hygromètres, anémomètres à main avec compteur de tours totalisateur et une montre. En face de ce tableau, maintenu par de légères traverses d'écartement, un appareil photographique pelliculaire à mouvement d'horlogerie prenant des vues du tableau à des intervalles d'une minute l'une de l'autre.

En examinant à loisir, à terre, les images inscrites sur la pellicule, on relèvera les variations des instruments par la position de l'aiguille indicatrice ou la hauteur du mercure. En même temps l'image de la montre fournira l'heure précise à laquelle chaque instrument marquait une quantité donnée. Tout l'ensemble de cet observatoire pèse 5 à 6 kilogrammes, et le prix en est modeste, aussi peut-on en conseiller l'emploi aux personnes s'intéressant à la météorologie et désireuse de compléter les observations effectuées au niveau du sol par d'autres opérées à quelques centaines de mètres au-dessus de la station météorologique fixe.

En outre de ces appareils en quelque sorte classiques, le cerf-volant peut être chargé d'instruments spéciaux pour telle ou telle étude, notamment d'actinomètres pour la mesure du rayonnement et d'électromètres pour mesurer le champ électrostatique de l'air. Ce n'est qu'au cas où l'on voudrait faire des recherches spéciales sur l'électricité atmosphérique que l'on pourrait recouvrir à l'usage d'organes spéciaux pour faire descendre jusqu'au sol l'électricité des nuages, et notamment d'une ligne de retenue contenant un fil de cuivre isolé. Mais il ne faut pas oublier qu'il est toujours très dangereux de lancer un cerf-volant par temps d'orage; tout récemment encore, un amateur, (et ce n'est pas le seul cas enregistré), a été foudroyé en ramenant son cerf-volant qui planait dans la nue orageuse. Il faut laisser ce genre de recherches aux savants et aux spécialistes, qui, eux, disposent des moyens de se préserver contre l'effet des décharges fulgurantes. Prudence est mère de la sûreté, dit le proverbe...

Ascensions en cerf-volant

Le cerf-volant peut encore entrer en concurrence avec l'aérostat, non seulement pour élever des appareils photographiques ou météorologiques à une certaine hauteur au-dessus du plancher des terriens, mais des poids beaucoup plus lourds, tels que, par exemple, le corps d'un observateur. Comme les jours de vent sont plus fréquents pendant l'année que ceux où règne un calme absolu où le ballon captif donne alors tout son effet, il en résulte que le cerf-volant peut constituer un moyen d'ascension très précieux, notamment pour les armées en campagne, et on peut s'étonner que ces appareils ne fassent pas encore partie du matriel de l'aérostation militaire, pour être employées les jours où l'usage de l'aérostat n'est pas possible.

Des essais ont été faits dans différents pays pour s'assurer de la praticabilité de cette application et plusieurs méthodes ont reçu la sanction de l'expérience.

En Angleterre, M. le capitaine des aérostiers Baden Powell, ayant réuni à la suite les uns des autres, par des liaisons souples, une série de 4 cerfs-volants sans queue, put enlever à 90 mètres de hauteur un poids de 57 kilogrammes, donnant ainsi la démonstration expérimentale de la possibilité d'enlever un observateur avec cet ensemble de cerfs-volants qui était munis de deux cordes de retenue maintenues par deux équipes. Il se confia donc à son appareil, en prenant toutefois la précaution d'intercaler un parachute déployé sur une carcasse de bambou au-dessus de la nacelle, qui était maintenue par des cordes par des hommes restant à terre, et il s'éleva à plusieurs reprises à 90 mètres de hauteur où il s'éjourna à volonté.

Les surfaces portantes variaient du simple au double, de 27 à 74 mètres carrés, le nombre de cerfs-volants allant de trois à huit, suivant la force du vent. Avec une vitesse de 9 mètres 40 par seconde, 34 kilomètres à l'heure, la traction opérée sur la corde atteignait 155 kilogs, et le poids du matériel en l'air, 95 kilogs, dans lequel le poids de l'observateur était de 72 kilogs.

Ces remarquables expériences furent bientôt répétées en Amérique par plusieurs personnes, notamment MM. Hargrave, inventeur du cerf-volant cellulaire, Eddy Lamson et le lieutenant Wise. Ce dernier, au lieu de suspendre la nacelle aux cordes de manœuvre préféra réunir à l'anneau de fer terminant un cordeau en chanvre de manille roulé sur le tambour d'un treuil deux attelages composés chacun d'un petit et d'un grand cerf-volant cellulaire. L'anneau portait également une poulie dans laquelle passait une corde dont les deux brins redescendaient sur le sol. L'extrémité de ces brins recevaient, l'une une selle de calfat sur laquelle le lieutenant Wise prit place, tandis que l'autre était aux mains d'une escouade de soldats, qui, par des efforts de traction répétés, guidèrent la selle et son occupant à la hauteur de la poulie et de l'anneau, c'est-à-dire à une quinzaine de mètres. On eût pu, en déroulant la ligne emmagasinée sur le treuil, augmenter à volonté cette hauteur, la traction étant de 180 kilogrammes lorsque le vent soufflait à raison de 24 kilomètres à l'heure, mais, en l'absence de tout parachute, l'opérateur n'osa se confier à son coursier aérien, dont l'un des éléments, manquant de solidité, s'était subitement brisé et effondré sur le sol par suite de la rupture brusque d'une des principales pièces d'assemblage.

La même prudence avait été observée par le cordier français Maillot lors de ses expériences au polygone de Vincennes en 1886. Notre compatriote employait, non un équipage de cerfs-volants de petites dimensions accouplés sur une même ligne de retenue qui additionnait tous leurs efforts individuels, mais une surface unique ne mesurant pas moins de 72 mètres carrés de surface avec un poids de 35 kilogs pour la carcasse. Cette immense voile était retenue au sol par une corde de 200 mètres de long, solidement attachée à un arbre ou un piquet. Chaque angle des côtés de l'octogone était pourvu d'une corde de manœuvre aux mains d'un aide, et l'expérimentateur avait en mains deux cordes partant, l'une de la tête, l'autre de la partie postérieure du cerf-volant dont il pouvait ainsi faire varier à sa volonté l'inclinaison. Enfin des pattes d'oie fixées sur les points d'entrecroisement des boulins de la carcasse supportaient la petite nacelle où l'observateur devait prendre place pour examiner l'horizon.

M. Maillot remplaça son poids par un sac de terre pesant 68 kilogrammes et toutes les manœuvres sur les cordes d'orientation et d'allègement se firent du sol, alors que dans l'idée de l'inventeur, c'était l'observateur lui-même qui avait dû agir sur ces cordes depuis la nacelle. Le sac fut enlevé à dix mètres de haut ; à ce moment le poids total enlevé atteignait 160 kilogs, et l'ascension fut répétée facilement chaque fois que le vent eut la vitesse voulue.

Voilà donc trois méthodes bien distinctes pour réaliser l'ascension en cerf-volant, et qui toutes trois ont fourni des résultats concluants, démontrant que l'ascension en cerf-volant n'avait rien de chimérique ni d'extrêmement téméraire à la condition simplement d'observer les règles de prudence et de sécurité applicables en pareilles matières.

Applications diverses des cerfs-volants

On écrirait un long chapitre sur tous les usages auxquels peut se prêter le cerf-volant, mais le peu de place qui nous reste nous oblige à une brève énumération. Citons donc en premier lieu les applications à la transmission de signaux à grande distance, en temps de paix comme en temps de guerre. En suspendant des drapeaux de couleurs voyantes et en nombre variable à un cerf-volant (des lanternes allumées pendant la nuit) on peut transmettre au loin des indications d'après un langage conventionnel. Le lieutenant Wise, dont nous avons mentionné les ascensions en cerf-volant a fait des expériences de ce genre qui ont montré tout le parti que l'on pouvait tirer de cette combinaison.

Dans ces derniers temps, on s'est servi de planeurs cellulaires pour élever à la plus grande hauteur possible l'*antenne* d'un poste de télégraphie électrique sans fil, par ondes hertziennes. On a pu ainsi augmenter notablement la portée des signaux et échanger des dépêches à une très grande distance.

Les Chinois ont appliqué, paraît-il, le cerf-volant à la chasse à l'aide de spécimens pourvus de sifflets auxquels le vent fait rendre un son strident qui effraye le gibier et le fait fuir éperdu. Une ligne de ces cerfs-volants rabatteurs s'avançant dans la campagne fait fuir les animaux de poil et de plume dans la direction des chasseurs qui les massacrent sans pitié. Il paraît qu'en France, la chasse au cerf-volant aurait fait son apparition, et qu'il aurait été utilisé en Seine-et-Oise pour la chasse des perdreaux. Ces oiseaux, terrorisés à la vue du dragon volant, qu'ils prennent sans doute pour un rapace ennemi s'enfuient en désordre et on peut les abattre à coups de fusil sans difficulté.

A côté de ces emplois sanguinaires, le pacifique cerf-volant a trouvé son utilisation dans des circonstances plus humanitaires, comme engin de sauvetage, pour mettre en rapport un navire en perdition avec le rivage, que l'appareil soit envoyé du bâtiment en péril ou de la rive où se tiennent les sauveteurs. Les modèles de cerfs-volants porte-amarre sont assez nombreux; il convient de citer, parmi les plus aptes à remplir une semblable mission, ceux de Woodbrige Davis, en forme d'étoile à six pointes, de Woglom, et surtout de Jobert (fig. 62), ce dernier constitué par un plan sustenteur quadrangulaire surmonté d'une sorte d'entonnoir faisant fonction de poche trouée assurant l'équilibre. L'amarre est suspendue par un anneau à une patte d'oie à deux brins attachée aux angles supérieurs du cadre. L'appareil voyage avec la vitesse du vent, et une sorte de sifflet, composé de feuilles ondulées attachées à la pointe de l'entonnoir par où s'échappe l'air, fait entendre un bruit strident qui sert d'appel. Tout l'ensemble est aisément démontable et tient peu de place. On peut donc le loger dans le coin d'un bateau ou d'un poste de secours, de façon à l'avoir toujours sous la main pour l'utiliser le cas échéant.

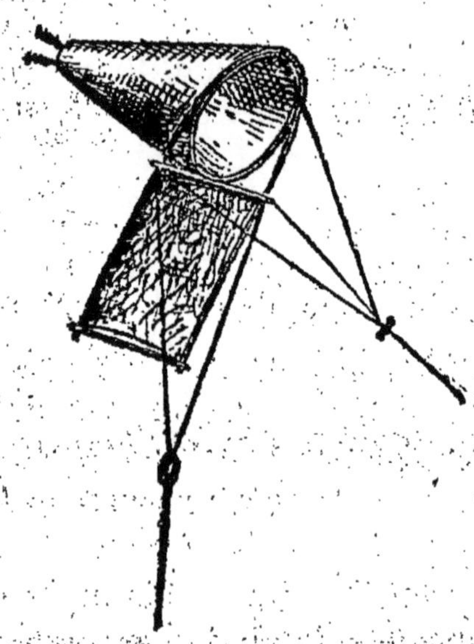

Fig. 62. — Cerf-volant porte-amarre Jobert.

Le cerf-volant peut encore être employé comme tracteur. Il suffit d'attacher à la proue d'un canot léger la ligne de retenue d'un équipage de plusieurs cerfs-volants en tandem pour entraîner cette embarcation avec une bonne vitesse à la surface de la mer. On peut même, avec la barre du canot, faire dévier sensiblement celui-ci de la ligne du vent. L'expérience a d'ailleurs été réalisée à plusieurs reprises par différentes personnes, notamment par le colonel Cody qui traversa ainsi la Manche dans cet équipage et la réussite a été complète. Un inventeur américain, le Dr David Thayer, de Boston a même pris un brevet pour un procédé de navigation à l'aide de cerfs-volants supportant une nacelle contenant des passagers et relié à un radeau ou à des appareils dériveurs tels que le *déviateur* et le *stabilisateur* de l'ingénieur Hervé. Toutefois ce système original et qui pourrait donner de bons résultats dans des circonstances atmosphériques convenables n'a pas reçu la sanction de l'expérience pratique.

On voit, par cette brève énumération quelle foule de services de toute espèce le cerf-volant est susceptible de rendre entre les mains d'opérateurs habiles. Il serait donc souverainement injuste de persister à considérer ce modeste appareil comme un jouet négligeable et sans valeur sérieuse. Bien au contraire, le cerf-volant bien construit est un instrument scientifique qui permet de sonder les secrets de l'atmosphère, et notre dernier mot sera pour encourager les jeunes gens et les amateurs à le perfectionner sans relâche et à étudier la manœuvre, qui leur apportera un double plaisir : une satisfaction intellectuelle à le combiner et le construire, un contentement physique à le lancer au plus haut des airs pour acquérir l'habilité qui fait le sporsman quel que soit l'exercice considéré.

FIN

TABLE DES MATIÈRES

CHAPITRE PREMIER

Historique et Théorie du Cerf-Volant

CHAPITRE II

Agencement et Fonctionnement des Cerfs-Volants

CHAPITRE III

Matériaux et Outillage pour la Construction des Cerfs-Volants

CHAPITRE IV

Construction des Cerfs-Volants plans

CHAPITRE V

Construction des Cerfs-Volants composés

CHAPITRE VI

Lancement et Manœuvre des Cerfs-Volants

CHAPITRE VII

Emplois des Cerfs-Volants

Grande Imprimerie de Troyes, 126, rue Thiers.

www.ingramcontent.com/pod-product-compliance
Ingram Content Group UK Ltd.
Pitfield, Milton Keynes, MK11 3LW, UK
UKHW021123220726
13924UKWH00004B/1886